심리상담사의
까칠한 아이 키우기

심리상담사의
까칠한 아이 키우기

지은이 김세라

1판 1쇄 인쇄 2026년 3월 20일
1판 1쇄 발행 2026년 3월 30일

펴낸곳   홍 림
펴낸이   김은주
등 록   제 409-251002010000027 호

주 소   경기도 김포시 김포한강로4로 420번길 30 한강비즈나인 1509
전자우편   hongrimpub@gmail.com

전 화   0507-1357-2617
총 판   비전북 (031-907-3927)

값은 표지에 있습니다.

ISBN 978-89-6934-064-1 (03590)

심리상담사의
까칠한 아이
키우기
김세라 지음

홍림

나의 아침은 늘 전쟁 그 자체다. 태생이 까칠한 아이와, 성장하면서 사춘기로 까칠함이 최고조를 달리고 있는 아이 사이에서 고군분투하는 하루를 시작한다. 정도의 차이는 있을지언정 성장기 아이를 키우는 가정에서 이런 풍경은 크게 다르지 않을 것이다.

정신없이 두 아이를 학교에 보내고 나면 서둘러 일을 하러 나가야 하지만, 자리에 털썩 주저앉아 한숨을 몰아 내쉬곤 한다. 이제 막 하루를 시작했지만 내 체력은 벌써 늦은 오후가 되어 있을 법한 체력밖에 남아 있지 않은 느낌이다. 가끔은 이렇게 살아가는 게 맞나, 내가 아이를 제대로 키우고 있는 것일까 생각할 때도 있다. 온갖 진상을 부리는 아이들과 씨름할 때면 내가 동네북인가 싶을 때도 있다. 아이는 낳아두면 저절로 큰다던 옛날 어른들의 말은 거짓말만 같다.

나는 학교 현장에서 다양한 아이들을 만났고, 상담 현장에서 문제들을 안고 오는 아이들을 만나왔다. 까칠하다는 아이들을 수없이 만나봤기 때문에, 이론적 지식과 실무적 방법을 많이 안다고 자부했다. 하지만 내 아이를 키우는 건 다른 일이었다. 나는 교실과 상담 현장 밖에서 강적을 만났다. 바로 내 아이였다.

지금은 나의 둘도 없는 친구이자 내 삶의 원동력이 되었지만, 나는 태생이 까칠한 둘째 아이를 키우면서 심한 공황장애를 겪었다. 주변에 육아를 도와주는 사람이 없었고, 육아를 함께 해야 할 남편은 출장으로 자주 집을 비웠다. 순한 기질의 첫 아이와 다르게 까다로운 기질의 둘째 아이는 모든 일에 내 예상을 빗나갔다. 내로라하는 선생님들이 써 놓은 책에도 나의 아이와 같은 사례는 찾아볼 수 없었다. 말도 통하지 않는 아이가 도대체 왜 그렇게 울어대는지 알 수 없었던 나는 답답한 시간들을 견뎌내야 했다.

　　지금은 웃으며 나의 아이가 연구 대상이었다고 이야기하지만, 돌이켜보니 당시 나의 몸과 마음은 매우 건강하지 못했다. 당시 나는 건물의 지하 주차장에 들어갈 때면 숨이 잘 쉬어지지 않았다. 답답한 나머지 차에서 내려 뱅글뱅글 차들이 내려오는 길을 거꾸로 걸어 올라간 적이 부지기수다. 사람이 많은 곳에 가면 머리가 아프고 숨 쉴 산소가 부족한 것처럼 느껴져 심장이 평소보다 더 빨리 뛰기도 했다. 아이를 안고 거실 창문을 바라보다가 한층 한층 올라가는 아파트 공사 현장의 건축물이 넘어져 나를 덮치면 어떻게 할까, 말도 안 되는 불안을 느낀 적도 있다. 설사 아파트가 넘어진다고 해도 내가 서 있는 쪽으로는 콘크리트 조각 하나 날라오지 않을 것 같은 위치에 있었음에도 말이다.

　　집안 인테리어로 우울한 마음을 바꿔보려고 비어 있던 거실 한쪽 벽면에 가족사진을 여러 장 붙여놓았다가 둘째 아이가 밤새 울며 보채던 어느 날 아이를 재워놓고 애써 붙여놓은 사진을 모조리 뜯어내기도 했다. 사진 속에 있는 수십 개의 눈동자가 나를 노려보는 것 같은 느낌이 들었다. 남편은 그런 나의 행동을 두고 유난하다고 말했다.

많은 부모들이 아이를 키우며 심한 우울증을 겪거나 나처럼 공황장애를 겪기도 하고, 육아 스트레스로 인해 자신도 모르는 사이 아이에게 정서적, 신체적 학대를 한다. 나는 큰아이가 간식을 먹으며 음료를 엎질렀던 '그날' 나를 바라보던 아이의 큰 눈망울을 잊을 수가 없다. 나의 감정 쓰레기통이 되어 나를 바라보던 그날의 일이 오래도록 후회로 남았다. 그날 이후 나는, 내 아이와 비슷한 연령대의 아이를 키우는 엄마들에게 아동 학대 예방 강의를 하기 시작했다. 무엇보다 아이를 키운다는 것이 나만 힘든 것이 아니라 우리 모두에게 쉽지 않은 일이라는 사실에 대해 세상의 모든 부모들을 위로하고 격려하고 싶었다. 그리고 부모가 아이에 대해 잘 알지 못하고 이해하지 못했던 무지無知로 혹은 건강하지 못한 마음 상태로 의식하지 못하는 사이 소중한 아이에게 정서적, 신체적 학대를 할 수 있다는 사실을 알게 하고 싶었다. 부모가 아이에 대해 이해하고, 스스로 행동을 돌아보며 바꾸어 나가면 크고 작은 상처로 아파하는 아이들을 조금이라도 줄일 수 있을 거라는 믿음이 있었다.(2024년 통계기준 아동학대연차보고서에 따르면 아동 학대의 84.1퍼센트는 부모에 의해, 81.7퍼센트는 아이들에게 가장 안전해야 할 가정 내에서 발생한다. 그중 친부, 친모의 비율은 각각 47.2과 34.1퍼센트이며 학대의 종류는 중복학대를 제외하고 정서 학대, 신체 학대, 방임, 성 학대의 순으로 정서 학대가 가장 높게 나타났다).

많은 부모가 아이를 키운다는 말을, 부모의 손이 가장 많이 필요한 시기라고 한정해 생각한다. 양육을, 부모로부터 영향을 많이 받는 영아기부터 유아기 정도면 끝이 난다고 생각한다. 그래서 영유아기에 집중해 양육에 대한 관심을 갖고 공부하는 반면 청소년기 이후부터는 상대적으로 신경을 덜 쓰는 경향이 있다. 물론 육체적으로 힘든 시기가 영유아기의 육아인 것은 사실이다. 하지만 아이를 키운다는 것은 영유아기를 거쳐 아동기, 청소년기뿐만 아니라 청년기, 성인기에 이를 때까지 각각의 발달 단계에 맞게 양육하고, 가르치며 성숙한 인간으로 성장할 수 있도록 돌보는 일이다. 그것이 부모로 하여금 때로는 육체적으로, 때로는 정신적으로 힘든 시간이 될 수 있다. 하지만 각각의 시기를 잘 넘어서야 기질적으로 까다로웠던 아이가 타인에게 가시돋힌 어른으로 성장하는 걸 막을 수 있다. 누구에게나 찾아오는 청소년기의 까칠함이 타인에게 불쾌감을 주는 까칠한 어른으로 성장하는 걸 방지할 수 있다. 지금은 아이지만 성장 후 부모가 될 아이는 가정을 꾸리고 자신의 아이를 키울 때 부모의 방식으로 말, 행동, 습관, 예절 등을 가르치며 많은 부분 그들의 아이에게도 영향을 미치게 된다. 이처럼 아이를 키운다는 것은 어느 한 발달 단계만 중요하지 않다. 영유아기에서 아동기로, 아동기에서 청소년기로, 청소년기에서 성인기에 이르기까지 커다란 사이클처럼 전 생애적 관점으로 보아야 옳다.

요즘은 까칠한 아이도, 까칠한 어른도 많다. 부모가 어떻게 아이를 키우느냐에 따라, 기질적으로 까다로웠던 아이나 사춘기라는 성장 과정 속에서 까칠해진 아이가 타인에게 부담스런 성인으로 성장할 수도 있고, 자신과 타인을 이해하고 배려하는 둥글둥글한 아이가 될 수도 있다. 이미 성인이 된 부모가 까칠한 어른이라면, 누구도 옆에 다가갈 수 없는 고슴도치 아이를 만들어낼 수도 있다. 까칠함은 전염되기 때문이다. 부모의 말과 행동, 생각 등은 삶의 많은 부분에 있어서 아이에게 끊임없이 영향을 준다. 부모의 역할이 중요한 이유다.

이 책에는 태생이 까칠한 아이와 성장하면서 까칠해진 아이, 나의 두 아이를 어떻게 하면 둥글둥글하고 멋진 어른으로 성장시킬 수 있을까 고민하며 지나온 나의 최선을 적어두었다. 아직도 둥글둥글해지지 못한 까칠한 어른인 내가 계속 성장하는 마음으로 매일 후회하고 고민하며 적은 나의 최선도 담았다. 육아 서적이 넘쳐나고 저명한 선생님들의 강의도 많다. 혹여 책을 읽고 이 방법이 나에겐 왜 통하지 않을까, 내가 뭘 잘못하고 있는 것일까 자책하거나 고민하는 독자가 없길 바란다. 내가 많은 아이들을 만나보았지만 내가 만난 아이들 중에는 문제가 같아 보여도 실제로 같았던 케이스는 단 한 건도 없었다. 아이들의 생김새가 다르듯 부모가 고민하는 문제 역시 조금씩 다르기 마련이다. 부모는 아이를 정말 사랑하는 마음으로 귀하게 대하고, 어떤 것이 내 아이에게 가장 최선의 방법일까를 고민하면 된다.

세상은 하루가 다르게 변해가고 우리 삶의 많은 부분은 AI 대체 속에 변화를 겪을 것이 분명하다. 많은 부분 기능과 역할이 바뀔 것이다. 영화에서처럼 미래의 기술이 아이를 가질 수 없는 부모에게 아이를 갖게 할 수 있을지는 모르겠다. 하지만 아이를 키우는 일은 AI가 대신 할 수 없다. 예나 지금이나 또 미래에도 아이를 올바른 성인으로 키우는 일은 오롯이 인간만이 할 수 있는 영역이다. 부모의 역할이 중요한 이유가 여기 있다.

자신의 아이를 사랑하지 않는 부모는 없을 것이다. 자녀를 사랑으로 키우지 않는 부모도 없을 것이다. 모든 것을 다 내어주어도 아깝지 않을 만큼 부모는 그렇게 사랑으로 아이를 양육한다. 하지만 누구에게나 처음이 있듯 부모에게 양육은 모두 처음 경험하는 일이고, 서툴며 부족할 수 있다. 아이를 키운다는 건, 사랑하는 마음만 가지고는 어려운 일이다. 시행착오를 겪으며 힘들고 어려운 일을 수없이 많이 만난다. 하지만 노력해야 한다. 사랑하는 아이를 위해서 말이다. 지금 이 순간에도 '나의 아이'를 위해 고군분투하고 있는 이 세상 모든 부모들을 응원한다.

2026년 새봄, 까칠한 두 아이를 키우는

심리상담사이자 엄마, 김서라

차례

불안은, 실재하지 않고
막연한 것에 대한 두려움과 걱정을 말한다.
불편은, 실재하며
삶을 사는데 약간의 문제가 있을 수 있으나
참을 수도, 고칠 수도 있는 것들을 말한다.

아이들이 느끼는 불편한 마음은
누구나 느낄 수 있는 지극히 자연스러운 감정이다.
그 불편한 마음을 스스로
처리할 수 있도록 가르치는 것,
그것이 부모의 역할이다.

유생들의 나날

미술 전시를 갔다가 들었던 곡인데 제목을 몰라 한참을 찾다가 알게 된 곡.
전체적으로 밝고 경쾌한 분위기다. 너무 힘들었지만 둘째 아이를 키웠던
시절을 생각하며, '그때 그랬지.' 라고 웃으며 말할 수 있게 된
지금의 내 마음과 닮아 있는 것 같다.

CHAPTER 1

태생이
까칠한 아이

하늘에 많은 별이 아름답게 떠 있는 여름날의 캠핑장. 큰아이가 원했던 캠핑카 여행에서 태생이 까칠한 둘째 아이는 밤새 울며 잠들지 못했다. 나는 그런 아이를 안고 밤새 캠핑장을 걷고 또 걸었다. 캄캄했던 밤하늘이 점점 환해지는 새벽녘이 다 되어서야 아이는 잠에 들었고 나는 다짐했다.

'다시는 여행을 오지 않으리라.'

1. 기질을 알면 백전백승

심리학에서는 아이들을 기질에 따라 '순한'easy, '까다로운'difficult, '더딘'slow-to-warm-up, 이렇게 세 가지의 범주로 나눌 수 있다고 말한다.Thomas & Chess, 1977 물론 모든 아동이 이 범주에 속하는 것은 아니다. 연구에 따르면 대략 65퍼센트 정도가 이 셋 중 하나로 분류된다. 그중 40퍼센트는 '순한', 10퍼센트는 '까다로운', 15퍼센트는 '더딘' 기질에 속한다. 적을 알고 나를 알면 백전백승이라고 했던가. 내 아이의 기질을 알면 이해되지 않던 아이의 행동에 고개가 끄덕여질 것이다.

'순한' 기질의 아이들은 새로운 환경에 잘 적응하고 잘 울지 않으며, 울어도 잘 달래진다. 부모의 지시에도 잘 따르며 예측이 가능한 편이다. 식사와 수면 패턴도 규칙적이며 혼자 잘 논다. 낯선 사람에게도 미소를 지으며 새로운 환경에 쉽게 적응해 살아가기 때문에 성장하여 기관 생활을 하거나 학교생활을 하면서도 큰 문제 없이 잘 적응한다. 물론 거저 크는 아이가 어디 있겠는가. 키우는 데 힘들지 않은 아이가 어디 있겠는가마는 이 순한 기질의 아이들 부모는 다른 기질의 아이들보다 양육이 훨씬 수월한 것이 사실이기에 다른 부모들에게 부러움의 대상이다.

반면 '까다로운' 기질의 아이들은 새로운 환경이나 상황에서의 적응이 어렵다. 작은 변화도 강하고 민감하게 받아들이며 매우 예민한 편이다. 짜증을 잘 내고 잘 보채며 원하는 바가 분명해 호불호를 강하게 표현한다. 한번 울음이 터지면 쉽게 달래지지도 않는다. 또 식사와 수면 패턴 역시 불규칙하다. 기저귀도 잘 갈아주고 배불리 먹여도 양육자가 이유를 알 수 없도록 계속 울고 보챈다. 말 그대로 양육자를 자주 혼란에 빠뜨린다. 이런 까다로운 기질의 아이들은 처음 맞닥뜨리는 모든 상황이 불편하고 불안하다. 이 때문에 기관이나 학교생활에 적응하는 데 시간이 오래 걸린다. 자신을 둘러싼 주변 상황들에 익숙해질 때까지 적응 문제를 호소한다. 또래와의 관계에도 문제가 생기는 경우가 많이 있다.

'더딘' 기질의 아이들은 반응이 느리고 새로운 환경에 적응하고 편안해지는 데 시간이 오래 걸리는 편이다. 이 기질의 아이들은 사람을 피하는 경향이 있다. 이런 특성때문에 언뜻 까다로운 기질의 아이와 비슷해 보이지만 그 강도가 까다로운 기질의 아이보다 훨씬 약하다. 호불호가 강한 까다로운 기질의 아이와 다르게 좋고 싫음을 선뜻 표현하기 못한다는 점에서 차이가 있다.

앞서 언급했던 것처럼 모든 아이들이 위 세 가지 기질의 범주에 속하는 것은 아니다. 또 어떤 기질이 더 좋고 나쁘다는 것은 더더욱 아니다. 기질이란 혈액형처럼 태어날 때 가지고 태어나는 특성 같은 것이지 부모가 원한다고 해서 결정할 수 있는 것이 아니다. 성장하면서 환경적 요인과 성숙의 요인으로 얼마든지 변화될 수 있다. 또한 양육자가 아이의 기질을 잘 알고 있다면 아이의 행동을 이해하는 데 많은 도움이 될 수 있을뿐더러 아이를 양육하고 훈육하는 방법을 찾는 데 많은 도움이 된다.

2. 순한 기질 vs 까다로운 기질

나는 비교적 '순한' 기질의 첫째 아이와, 토마스와 체스의 분류 중 가장 작은 퍼센티지에 속하는 '까다로운' 기질의 둘째 아이를 키우고 있다. 나의 첫째 아이는 우리가 흔히 보는, 육아서의 표준과도 같은 아이였다. 내가 첫째 아이를 키울 때는 지금처럼 SNS로 많은 정보를 얻을 수 있는 환경이 아니어서, 나는 많은 전문가들이 쓴 육아서들을 보면서 아이를 양육했다. 나도 엄마가 처음이었던지라 매번 서툴렀고 두려웠다. 그래서 믿을 만한 책을 통해 전문가들이 써 놓은 대로 정해진 시간에 정해진 양의 분유를 먹였고, 정해진 시간에 잠을 재우며 수면 교육을 했다. 또 정해진 시기에 전문가들이 제시하는 식단에 맞춰 이유식도 먹였다. 심지어 쪽쪽이를 끊어야 할 시기도 아이의 발달 단계를 보고 정한 것이 아니라 책을 보고 정했다. 나의 첫째 아이는 얼마나 순한 아이였던지 나의 지시를 잘 따랐고 내가 주는 음식들은 군말 없이 입속에 쏙쏙 잘 받아먹었다. 음식물로 장난을 치는 일도 없었다. 아이는 식사를 할 때도 주변에 흘리는 음식물도 거의 없었고 옷도 정말 깨끗하게 입었다.

물론 얼마 지나지 않아 첫째 아이가 일반적이지 않은 케이스였다는 것을 알게 되었다. 그때만 해도 나는 아이들이 하루에도 옷을 몇 벌씩 갈아입고 식사 시간에 주변을 난장판으로 만들어 놓는 것이 이해되지 않을 정도로 복된 양육자였다. 그때는 내 아이의 기질에 대해 생각해 보지도 못했고, 또 내 아이가 육아서 지침대로 키울 때 어려움 없이 잘 따라와 주는, 그런 성공 확률이 높은 순한 기질의 아이인 줄도 몰랐다. 그때만 해도 아이들은 정말 다 그렇게 크는 줄 알았다.

그런데 둘째 아이가 태어나고 달라졌다. 아이는 이 시대 최고봉, 까다로운 기질의 아이였다. 오죽했으면 내가 둘째 아이를 키우며 '너는 책에도 나오지 않는 아이다.'라고 생각했을 정도다. 첫째 아이를 책에 나오는 대로 잘 키워냈고 아이들은 모두 그런 줄 알았던 내게 지옥 문이 열린 건 둘째 아이와 조리원에서 집으로 온 그날부터였다. 첫째를 키워본 경험이 있는 부모들은 육아가 이제 좀 익숙해지면 둘째는 발로도 키울 수 있겠다고 말하곤 한다. 나 역시 첫째 아이 육아를 거의 혼자 했던지라 둘째를 키우는 것쯤은 큰 어려움이 없을 것으로 생각했다. 그런데 그건 정말 큰 오산이었다. 둘째는 집에 온 그날부터 매일 쉴 새 없이 울기 시작했고 나는 매 순간이 어려웠다. 아이가 무엇을 원하는지 알 수 없었다. 기저귀를 갈아줘도, 분유를 먹여도 좀처럼 달래지지 않는 아이의 울음에 나도 같이 울고 싶었다. 그렇게 까다로운 나의 둘째 아이는 하나부터 열까지 쉬운 것이 하나도 없었다.

아이가 어린이집을 다니기 시작하면서도 육아가 수월해지지 않았다. 한 달이면 적응하고 엄마와도 잘 헤어

요람 - 카미유와 예술가의 아들 장(Jean)
1867, 클로드 모네

져 하루 종일 어린이집에서 잘 생활하다 오는 건 첫째 아이에게만 해당됐던 얘기였다. 둘째 아이는 나의 진이 다 빠질 때까지 아침마다 울고불고 난리를 치고서야 어린이집에 등원할 수 있었다. 뿐만 아니라 낮잠 시간에는 피곤해 지쳐 꾸벅꾸벅 졸면서도 눕지 않았다. 이 낯선 공간에서는 절대 눕지 않겠다고 다짐을 한 아이처럼 고집스럽게 앉아서 잠을 잤다. 또래 친구들이 한 달이면 적응하는 기간을, 아이는 꼬박 일 년을 채우고서야 겨우 울지 않고 나와 손을 흔들며 등원했다.

이렇게 나는 정말 순한 기질의 아이와 우주 최강 까다로운 기질인, 양극단의 두 아이를 키웠다. 물론 어릴 때 양육이 더 수월한 아이는 있었다. 하지만 순한 기질의 아이도 까다로운 기질의 아이도 성장하면서 변한다. 그대로 쭉 성장하지는 않는다. 그런데도 우리가 아이의 기질을 이해하는 것이 중요하다고 이야기하는 것은 부모가 아이의 기질을 제대로 알고 있어야만 아이를 제대로 이해할 수 있으며, 아이의 모습을 있는 그대로 인정하고 존중할 수 있게 되기 때문이다. 또한 아이의 강점과 약점을 이해하고 강

겸이 발현될 수 있도록 도움을 줄 수 있게 된다. 변화무쌍한 아이를 양육하는 부모의 역할은 그래서 더 중요하다고 할 수 있다. 아이가 가진 기질적 특성을 잘 이해하고 특성에 맞도록 잘 이끌어주어야만 까다로운 기질의 아이가 삐죽삐죽 가시 난, 까칠한 성인으로 자라지 않을 수 있으며 순한 기질의 아이도 지속해 모나지 않은 성인으로 자라날 수 있다. 양육자에게는 순한 기질의 아이도, 까다로운 기질의 아이도 분명 쉽지 않은 일이다.

3. 오감이 예민한 아이

먹고, 자고, 싸는 것 하나부터 열까지 모든 것이 쉽지 않았던 나의 둘째는 모든 것에 예민했지만 그중 잠에 대한 문제가 가장 어려웠다. 흔히 얘기하는 '등 센서'가 달려 있어 품에 안아야만 울다가 겨우 잠이 들었다. 그마저도 바닥에 내려놓으면 다시 울기 시작해 아이를 안고 의자에 앉아 잠을 잔 적이 부지기수다. 아이는 다섯 살 때까지 통잠을 자본 적이 없었다. 밤에는 뭐가 그렇게 서러운지 늘 한두 번씩은 꼭 깨서 서럽게 울어야만 잠에 들었다.

아이는 낯가림도 무척 심했다. 사람에 대한 낯가림뿐만 아니라 장소 낯가림도 매우 심했다. 특히 집이 아닌 다른 곳에 가면 냄새, 온도, 습도 등 모든 것에 예민함이 발동해 밤새 잠을 자지 않고 자지러지게 울었다. 익숙하지 않은 공간에 대한 예민한 반응은 나의 친정집에서도 예외는 아니었다. 친정집에 방문한 날에 역시나 온도, 냄새, 소리 등 오감이 예민했던 아이는 잠을 자지 못했다. 안고 어르고 달랬지만 소용이 없었다. 아이의 울음이 잦아들지 않고 몇 시간이 계속되고, 급기야 우리 가족은 우는 아이를 안고 병원 응급실을 찾았다. 의사 선생님은 자지러지게 우는 아이를 보고 여러 검사를 시행했다. 아이에게는 아무 이상이 없었다. 덕분에 그날 온 가족은 뜬눈으로 밤을 새웠다.

첫째 아이가 캠핑카에서 하루를 보내보고 싶다고 노래해 캠핑카가 준비된 캠핑장으로 여행을 간 적이 있었다. 그런데 그날도 역시 온도, 냄새, 소리 등 평소 집과 다름을 느꼈던 둘째 아이는 밤새 울었다. 방음이라곤 전혀 되지 않는 캠핑장에서, 즐겁게 놀러왔을 이웃 캠퍼들에게 피해가 갈까, 나는 아기띠를 하고 밤새 캠핑장 안을 걷고 또 걸으며 새벽을 맞았다.

이렇게 까다로운 둘째 아이 때문에 나는 가능하면 밖에서 잠을 자야 하는 상황을 잘 만들지 않았다. 혹시나 다른 가족들과 함께 여행을 가는 일이 생기면 다른 가족들에게 피해가 갈까 늘 노심초사했다. 우는 아이를 안고 여행지의 화장실에서 잔 적도 있다. 아이와 함께하는 여행이 즐거운 일이 아니라 늘 고행이었다.

까다로운 기질의 아이들은 몸에 있는 모든 감각이 아주 예민하다. 수면 문제는 물론이거니와 혀에 닿는 음식 조각에도 예민하게 반응한다. 골고루 음식을 먹지 못한다거나 남들은 느끼지 못하는 미세한 냄새에도 불편해한다. 심지어 옷 속 라벨이나 옷감 소재의 감촉, 또 엄마는 죽었다 깨어나도 모르는 자신만이 느끼는, 어딘지 모르는 옷의 조임에도 불편함을 호소한다. 물론 아이들 대부분이 영아기 때 소리, 빛, 냄새, 맛, 촉각 등 감각적 자극에 민감하지만 까다로운 기질의 아이들은 이런 자극에 더욱 민감할 뿐만 아니라 거기에서 오는 불안함과 불편함도 아주 분명하게 표출한다.

　　자신의 불안과 불편함을 말로 설명할 수 없는 영유아기 아이가 자신의 상태를 울음이나 짜증으로 나타내는 건 너무 당연하다. 하지만 그런 아이의 마음을 이해할 수 없는 부모 입장에서는 정말 미치고 팔짝 뛸 노릇이다. 그래서 이런 까다로운 기질의 아이를 키우는 부모들은 늘 긴장 속에 지내게 되어 양육 스트레스를 더 많이 받게 되고, 이런 행동을 보이는 내 아이가 유난스럽다거나 나를 힘들게 한다고 생각해 부모 스스로 감정적으로 조절이 어려워지면 아이에게 화를 내거나 소리를 지르기도 하고 자책을 하는 경우도 많다. 순한 기질의 아이를 먼저 경험한 나 역시 까다로운 기질의 아이를 온전히 이해하지 못했다. 당시 나는 늘 육아 스트레스 최대치를 찍었고, 작은 아이 하나를 어떻게 하지 못해 전전긍긍하는 나 자신에게 화가 나 있었다. 감정적으로 조절을 못하는 일도 많았다. 사랑하는 아이에겐 미안하지만, 기도를 하다가 '제가 무슨 죄를 지었길래 이런 아이를 저에게 주셨나요.'라고 묻기도 했다.

아이를 키운다는 것은 모든 부모에게 쉽지 않은 일이다. 특히나 이런 까다로운 기질의 아이를 양육하는 부모는 정말 많은 어려움을 느낀다. 다 때려치우고 싶다고 생각한 적이 한두 번이 아니다. 하지만 까다로운 기질의 아이가 영원히 까다롭진 않다. 그러니 까다로운 기질의 아이를 키우며 지금도 고군분투하고 있는 부모가 있다면 눈앞에 고지가 곧 나타날 테니 그때까지만 좀 더 내 아이를 이해해 보라는 말을 전한다. 곧 이 어려움도 끝이 나고 언제 그랬냐는 듯이 그리워질 날이 올 것이다.

4. 까다로운 기질의 아이에게 필요한 것

순한 기질의 아이라면 아무렇지 않게 넘어갈 일들도 까다로운 기질의 아이들은 늘 산 넘어 산이다. 그렇기에 까다로운 기질의 아이를 양육하는 부모들은 순한 기질의 아이를 키울 때보다 신경 써야 할 일들이 더 많다. 그중 가장 중요한 일은 아이를 이해하는 일이다. 보통 까다로운 기질의 아이를 양육하는 부모들은 아이의 유별난 행동 때문에 다른 '아이들은 잘하는데 왜 내 아이만 이렇지?'

라고 생각하며 아이를 다그치기도 하고 질책하기도 한다. 하지만 아이의 모든 행동은 아이가 스스로 자신의 안전과 생존을 지키기 위한 필사적인 반응이다. 그렇기에 부모는 아이가 다른 아이들보다 자극에 대한 민감도가 높다는 사실을 인정해주고 보호해 줄 필요가 있다. 아이가 민감하게 반응하는 자극들을 최대한 줄여주는 것이 중요하다. 낯선 환경에서 두려움과 불안도가 높은 아이가 안정감을 느낄 수 있는 환경을 제공해 주고 아이에게 안정을 줄 수 있는 인형이나 부드러운 이불 같은 것을 주는 것도 좋은 방법이다. 또한 부모가 언어적, 행동적 메시지를 통해 감정적인 지지를 해주는 것도 매우 중요하다.

허용적이되 단호한 원칙을 세워라

　　　　잘 알고 지내던 지인과 함께 간 가족여행에서 하룻밤을 지내고 다음 날 아침, 밤새 둘째 아이 때문에 잠을 설쳤던 나에게 지인은 "어떻게 이렇게 사세요? 저라면 하루도 못살 것 같아요."라고 말했다. 전혀 생각해 보지 못한 질문이기도 했고, 내가 아이를 잘 키우지 못하는 것처럼 비쳐진 것 같아 자책이 들기도 했다. 변명하자면 둘째 아이도 첫째 아이 때와 마찬가지로 수면 교육을 시도했지만 까다로운 기질의 아이라서 늘 변수가 많았다. 수면 교육을 시도하려고 할 때마다 아이의 거친 저항을 이겨내지 못했던 것이 사실이다. 하지만 아이가 보이는 반응들이 기질적으로 까다롭고, 세상 모든 것이 낯설고 불편한 것이었기 때문에 아이를 바꾸려고 애쓰기보다 가능하면 아이에게 맞추어 주려고 노력했던 이유가 가장 컸다. 그런데 지인의 말을 듣는 순간 머리를 한 대 얻어맞은 것 같은 기분이 들었다. 순간 '언제까지 이렇게 살아야 하지? 벌써 다섯 살인데'라는 생각이 들었다. 무엇보다 이렇게 성장하다가는 기질적인 까다로움과 예민함이 학습되어 정말 까칠한 어른으로 성장하지 않을까 걱정이 되었다.

　　　　까다로운 기질의 아이를 키우는 부모는 다른 기질을 가진 아이들과는 다른 양육방식으로 접근해야 하는 것이 맞다. 태어날 때부터 생물학적으로 가지고 태어난 예민한 기질을 쉽게 바꿀 수도 없거니와 바꾸기 위해 불안하고 불편한 감정에 계속 노출시키는 것은 아이에게 정서적으로 부정적 영향을 줄 수 있기 때문이다. 그렇기에 가능하다면 부모가 빨리 개입해서 맞춰주는 것이 최선의 방법일 수 있다. 하지만 언제까지, 어느 선까지 맞춰주어야 하는 것인가. 어떻게 해야 기질적인 까다로움이 학습된 까칠함으로 나타나지 않게 되는 것일까. 늘 이 부분이 딜레마가 되는 것이다.

나는 여행에서 돌아오자마자 다시 아이의 수면 교육을 시작했다. 이미 통잠을 자야 하는 다섯 살이었다. 그때 아무 이유 없이 자다 깨서 우는 일을 당연하다는 듯 반복하며 양질의 수면을 저해하고 있는 것이 아이의 신체적, 정신적 성장에 결코 도움이 되지 않을 것이라는 나의 마지노선에 닿았다. 물론 아이의 거친 반항과 주변의 방해 요소도 많았지만, 아이는 딱 일주일만에 통잠을 자기 시작했다.

많은 전문가들이 아이를 양육하고 훈육을 시도할 때 기질의 구분 없이 안 되는 것을 되게 하지 말라고 조언한다. 훈육할 때 이 원칙만 잘 지켜도 90퍼센트 이상은 성공한 것이라고 볼 수 있다. 까다로운 기질의 아이들은 그 원칙을 지켜내기가 매우 어렵다. 자기 맘에 들지 않으면 자신의 불편한 감정을 한 시간이고 두 시간이고 울음이나 짜증으로 여과 없이 드러내 부모를 곤란하게 하기 때문이다. 계속되는 아이의 울음에 저러다 큰일 나는 거 아닌가 걱정되는 양육자가 울며 겨자 먹기로 아이가 원하는 바를 들어주거나, 애초에 잘 달래지지 않는 아이라는 것을 알기에 울기도 전에 아이가 원하는 바를 빠르게 맞춰주기 위해 늘 긴장 상태로 아이를 살피기도 한다. 더구나 집밖에서 아이가 이런 행동을 보이면 부모는 세웠던 원칙을 고수하기가 매우 어려워진다. 그래서 까다로운 기질의 아이에게는 다른 이해와 접근이 필요하다. 가능한 불편한 자극을 줄여주고, 문제 상황에서 빠르게 개입하는 것이 방법이다. 하지만 마지노선은 분명 필요하다.

이 아이들은 평소와 조금 다른 신체적 컨디션, 옷의 촉감, 속옷의 밀착 정도(너무 헐렁거리지도 너무 조이지도 않는), 그 외 알 수 없는 다양한 것들에까지 예민하게 군다. 또한 뭔가 조금이라도 마음에 들지 않으면 집이건 밖이건 상관없이 바닥에 드러누워 울어 재끼는 일이 비일비재하다. 달래기 위해 안으려고 하면 허리를 활처럼 휘고 발버둥을 치며 격렬한 반응을 보이기도 한다. 울음이 한 시간을 넘기는 건 기본이고 숨넘어가는 울음소리에 이웃에 사는 엄마가 아이의 안전이 걱정할 정도다. 나도 아랫집으로부터 전해들은 적이 있었다.

아이가 울어 재끼는 일을 두고 볼 수 없어 훈육을 시작했다가 오히려 더 난처해진 적도 있다. 평소와 다른 엄마의 모습을 이상하게 여긴 아이가 더 강력하게 울며 자기 머리를 쥐어뜯은 후에 보란 듯이 작은 주먹에 한 움큼 쥐어 있는 머리카락을 내게 보였던 거다. 그것도 모자라 손톱으로 자기 몸에 상처를 내며 나를 무력화시키려고 했다. 예쁘고 소중한 내 아이에게 할 말은 아니지만 정말 ‘지랄발광’ 그 자체였다.

나는 아이의 특성을 이해하고 가능한 허용적이되 단호한 원칙을 세우기로 했다. 첫째, 무조건 떼를 부리는 것을 반복해 알렸다. 둘째, 무슨 일이 있어도 자기 몸을 상하게 하는 것은 안 되는 행동이라는 것을 단호하게 이야

어머니와 아이 [해바라기를 든 여자]
1905, 메리 카사트

기해주었다. 셋째, 아이가 기질적 특성상 불안하고 불편한 감정을 예민하게 받아들이고, 그것을 떼를 통해 호소하는 것이었기에 불안과 불편에 대한 감정을 말로 표현하도록 했다. 그러면서 해결 방법을 함께 찾아보기로 했다.

불안은 실재하지 않고 막연한 것에 대한 두려움과 걱정을 말한다. 불편은 실재하며 삶을 사는데 약간의 문제가 있을 수는 있으나 참을 수 있거나, 고칠 수도 있는 것들을 말한다. 예를 들어 천둥 번개가 치고 비바람이 부는 날에는 엄마가 바람에 날아가 자신을 데리러 오지 못할까봐 걱정되어 유치원 생활을 할 수 없는 것은 불안한 마음이다. 말도 안되는 이야기지만 까다로운 기질의 아이에겐 매우 심각한 일이다. 실제로 비바람이 부는 날에 나의 아이는 유치원 등원을 거부하기도 했다. 여기서 매우 슬픈 사실은 난 절대 날아갈 수 없는 몸이라는 것이다. 또 나의 아이의 경우 겉옷이나 속옷이 조금이라도 몸에 끼이는 것을 견디지 못해 했다. 내가 보기엔 전혀 이상이 없는데 미세하지만 참기 힘든 조임 정도가 있는 것 같았다. 이건 불편한 마음이다. 이 두 마음을 구분하는 이유는, 막연하고 실재하지 않는 것에 대한 두려움과, 불확실한 것에 대한 걱정과 초초함은 장기간 지속될 시 일상생활에 큰 영향을 미치는 불안, 강박 등의 정신건강 문제로 발전할 수 있기 때문이다.

불편한 마음은 참거나, 노력으로 바꿀 수 있다. 그런데 아이들은 이것을 구분할 수 없기때문에 불안과 불편을 모두 울음과 짜증으로 표현하고 만다. 문제는 이 울음과 짜증, 예민함이 학습 되면 나중엔 그렇게 표현하는 것이 당연시 된다는 데 있다. 그러기 전에 아이의 불안함과 불편한 마음을 구분하고, 그 마음에 대해 충분히 이해와 공감으로 함께 해결해 나갈 수 있는 부분을 찾는 것이 필요하다. 어린 아이들이 불안과 불편을 어떻게 구분하며, 어른도 잘 하지 못하는 감정 표현을 어떻게 이해하겠냐고 묻는다면 나는 이렇게 말하고 싶다. '아이들은 우리가 생각하는 것보다 훨씬 똑똑하다'고. 아이들은 어른들보다 자신의 감정과 생각을 훨씬 더 잘 표현한다.

여기서 양육자가 주의할 것이 있다. 어설픈 훈육

은 하지 않는 것만 못하다는 것이다. 많은 부모가 훈육에 실패하는 이유가 바로 이 원칙 없는 어설픈 훈육을 하기 때문이다. 오늘은 손님이 왔으니까. 밖에서는 다른 사람들이 따가운 시선으로 바라보니까. 오늘은 내가 기분이 좋아서. 오늘은 내가 기분이 나빠서. 이렇게 기분에 따라, 상황에 따라 원칙이 바뀌면 어느 기준에 맞춰야 할지 혼란스러운 아이는 다음 번에 훈육을 시도했을 때 더 격렬한 반응을 보인다. '이래도 나를 받아주지 않을 거야?' 식으로 행동하는 불상사가 발생할 것은 너무나 당연하다.

삶에서도 원칙이 있고 그것을 지키며 살아가야 하듯 훈육에서도 반드시 지켜져야 하는 원칙이 필요하다. 너무 타이트한 원칙을 잡아 부모 스스로도 지키기 어렵게 만들지 말고, 허용적이되 반드시 지켜야 할 원칙을 정하는 것이 중요하다. 무엇보다 부모의 간결하고 단호한 원칙은 아이를 위해 반드시 필요한 일이다. 나 역시 아이의 훈육이 늘 성공했던 것은 아니다. 하지만 여러 시행착오를 거치며 까다로운 아이를 키우는 나만의 원칙을 완성해 나갔다. 이건 내가 다른 사람들보다 전문적인 지식을 가졌다고 해서 가능한 일은 아니다. 세상 모든 엄마들이 할 수 있는 일이며 내 아이를 세상 누구보다 잘 알고 있고, 말하지 않아도, 눈빛만 보아도 그 아이를 가장 잘 아는, 유명한 육아 코칭 선생님이 아닌 바로 나! 바로 지금 이 책을 읽고 있는 당신이어서 할 수 있는 일이다.

무조건 받아주는 것은 제대로 된 마음 읽기가 아니다

유치원에 다니던 둘째 아이가 새 학기가 시작된 지 얼마 되지 않은 어느 날이었다. 아침에 등원을 위해 깨웠더니 짜증을 내기 시작했다. 새 학기가 시작된지 얼마 되지 않아 안 그래도 낯설었던 유치원에 가기도 싫은데 엄마가 유치원에 가야 한다고 재촉하니 심기가 매우 불편해진 것이다. "졸려서 더 자고 싶구나? 요즘 새로운 유치원에 가느라 힘들지?"라며 아이의 마음을 먼저 읽어주었다. 그러가 마지못해 일어나 옷을 입으면서도 이 옷은 이래서 마음에 들지 않고, 저 옷은 저래서 마음에 들지 않는다며 갖가지 이유를 찾고 짜증을 냈다. 기어이 아침도 먹지 않겠다며 나에게 협박 아닌 협박을 하기 시작했다. 이즘되면 애써 짜증 낼 구실을 찾는 것 같았다. 나는 또 딜레마에 빠지게 되었다. 모든 것이 예민하고 까다로운 기질의 아이인지라 가능한 불편한 마음을 많이 읽어주고 알아차려 주려고 하는데 내 배려가 무색하게 아이가 무차별적으로 던져 놓은 부정적 감정들 사이에서 어디까지 마음을 읽어주는 게 아이를 위한 일인지 생각이 많아졌다. 아이를 키우는 부모라면 한 번쯤 '마음 읽기'라는 말을 들어 본 적이 있을 것이다.

마음 읽기란, 아이의 말이나 행동에 '그랬구나'라는 말로 아이의 긍정적인 감정뿐 아니라 부정적인 감정까지 수용해주고, 아이의 감정을 배려하며 읽어주는 대화법이다. 부모와 아이의 관계 방식은 아이의 성장과 정서 발달에 매우 중요하기 때문에 아이와 대화에서 마음 읽기만 잘해도 애착 관계 형성뿐 아니라 안정적 정서 발달에도 많은 도움이 된다고 알려져 있다. 요즘 부모들은 육아 서적뿐만 아니라 인터넷이나 강의를 통해서 많은 교육을 받은지라 마음 읽기의 중요성에 대해 너무나 잘 알고 있고 실천도 많이 한다. 심지어 마음 읽기에 대해 하도 많이 들어 아이들이 무슨 말만 하면 앞뒤 재지 않고 "그랬구나"라고 말해 엄

마들 사이에서 '구나맘'이라는 말까지 쓴다는 얘길 들은 적
도 있다.

　　얼마 전 인터넷에서 요즘 부모들의 특징이 담긴
짧은 영상 하나를 본 적이 있다. 마트에서 엄마가 아들에
게 "아들, 이제 집에 가야 할 시간이야."라고 말하자 사건
이 벌어졌다. 엄마는 화가 난 아들에게 "아들, 지금 가야 한
다고 말해서 정말 미안해. 그러면 우리 시간을 정할까?"라
고 말하며 자신의 핸드폰을 꺼내 아들에게 보여주었다. 그
러자 아들이 엄마의 핸드폰을 '탁' 쳤고, 핸드폰이 바닥에
떨어지고 말았다. 엄마는 "아들, 손을 써서는 안 돼. 네 행
동에 대해 엄마에게 미안하다고 말해줄래?"라고 매우 부
드러운 목소리로 말했다. 그러자 아이가 "싫어!"라고 답했
다. 엄마는 "우리 아들 화가 많이 났구나. 괜찮아. 미안하
다는 말이 너에게 힘들고 무서울 수 있어."라며 안타까운
표정으로 말했다.

　　이에 아들이 발을 동동거리며 아까보다 더 큰 소
리로 짜증을 냈고 급기야 마트 바닥에 엎드려 소리치며 울

었다. 그러자 엄마는 다시 "네가 얼마나 큰 감정을 느끼고 있을지 엄마는 알고 있어. 엄마도 네 감정을 이해하고 싶어."라며 급기야 아들 옆에 같이 엎드렸다. 그리고 "많이 속상했구나. 엄마는 네 불안감을 더 키우고 싶지 않아. 그래서 네가 일어날 때까지 여기서 함께 기다릴게. 엄마가 널 위로해 줘도 괜찮을까?"라고 말했다.

아들의 마음을 이해하겠다며 아들과 함께 마트 바닥에 누운 엄마. 약간 우스꽝스럽고 과장 된 부분이 분명히 있지만 나는 요즘 부모들의 특징이 아주 많은 부분 반영되었다는 생각이 들어 공감되기도 했다. 아이의 속상하고 어려운 마음을 읽어주는 것은 아이로 하여금 부모의 세심한 배려를 받으며 부정적인 마음을 다스리는데 너무나 좋은 육아 방법인 것은 분명하다.

그렇다면 문제는 무엇일까? 문제는 무조건 받아주는, 잘못된 마음 읽기에 있다. 아이들은 표현이 미숙하다 보니 기질에 상관없이 자신이 원하는 대로 일이 되지 않으면 울음이나 떼, 짜증을 통해 불만을 드러낸다. 불편

농민 어머니와 아이
1894 메리 카사트

하거나 불안한 감정이 생길 때 이 감정이 어떤 것인지, 그 감정을 어떻게 표출해야 하는지 스스로 알지 못하기 때문이다. 스스로도 답답하고 혼란스러울 따름이다. 그런데 부모가 "에구, 그랬구나.", "오냐, 오냐" 하며 무조건 받아주면 그 마음을 충분히 이해하고 표현할 기회는 사라진다. 아이의 마음이 어떤 상태인지 어떻게 처리해야 하는지는 가르쳐줄 시점에 심지어 아이의 불편한 마음에 필요 없는 사과를 하며 죄인이 되길 자처하기도 한다.

순한 기질의 아이들도 마찬가지지만 까다로운 기질의 아이일수록 부모의 역할과 양육 방식은 매우 중요하다. 까다롭고 예민한 기질을 바꾸기 위해 불안하고 불편한 상황에 계속 노출 시킨다거나 남들은 다 괜찮은데 왜 너만 예민하게 구느냐며 윽박지르는 것도 안 되지만 적절한 선을 정하지 않고 당장의 상황만 모면하기 위해 계속해서 어르고 달래는 등 잘못된 마음 읽기를 하는 것도 좋은 방법이 될 수 없다. 잘못된 마음 읽기는 아이로 하여금 타인의 마음을 이해하려고 노력하지 않고, 자신의 불편한 마음을 타인에게 스스럼없이 드러내며 스스로 불편하고 불안한 마음을 해결할 수 있는 능력을 배울 수 없게 만든다. 성인 중에서도 자신의 불편한 마음을 타인에게 스스럼없이 내놓으며 '쿨하다'는 그럴싸한 포장을 하는 사람들이 있다. 사실 그건 쿨한 것이 아니다. 내 마음 편해지자고 상대방에게 자신의 불편한 마음을 던져버리는 것은 자신의 마음 문제를 스스로 해결하는 방법을 배우지 못한 어리숙한 사람일 뿐이다.

아이의 마음을 읽어준다는 것은 아이의 감정 하나 하나에 과한 리액션을 담는 것이 아니다.

"불편했구나. 맞아. 네가 그런 불편함을 충분히 느낄 수 있어. 엄마도 그런 감정을 느껴본 적이 있어."

담백하게 이 정도로 표현해주는 것이지 아무 맥락 없이 "너의 불편한 감정을 나도 함께 느낄래."라며 길바닥에 같이 엎드리거나 아이가 느끼는 불편함이 모두 부모의 잘못 인양 과도한 사과를 하며, 오냐 오냐 하는 것이 아니다. 당장 아이의 불편한 마음을 제거해주기 위해 하는 맹목적인 마음 읽기는 까다로운 기질의 아이를 타인과 관계 맺기 어려운 까칠한 사람으로 성장시킬 수 있다는 사실을 잊어서는 안 된다.

아이들이 느끼는 불편한 마음은 누구나 느낄 수 있는 것이며 그 불편한 마음을 스스로 처리할 수 있는 능력을 가르치는 것 역시 부모의 역할이다.

기질에 따른 우리 아이 양육법

기질	비율	특징
순한 기질 (Easy temperament)	40%	• 새로운 환경에 잘 적응함 • 울음이 짧고, 잘 달래짐 • 부모의 지시를 잘 따름 • 신체 리듬이 규칙적임
까다로운 기질 (Difficult temperament)	10%	• 환경 변화에 민감함 • 호불호가 강함 • 짜증을 잘 내고 잘 보챔 • 규칙적인 생활습관 형성이 어려움
더딘 기질 (Slow to warm up temperament)	15%	• 반응이 느림 • 새로운 환경에 적응하는데 시간이 오래 걸림 • 자신의 생각을 잘 표현하지 못함
복합 기질	35%	• 세 가지의 유형이 섞인 기질

순한 기질

1. 아이를 방임하지 않도록 주의한다

순한 기질의 아이는 새로운 환경에 잘 적응하고

부모의 지시도 잘 따르며 신체 리듬도 규칙적인 경우가 많아 양육하기 까다롭지 않은 아이임에는 분명하다. 그러다보니 알아서 잘하는 아이라 생각해서 이 기질의 아이는 방임되는 경우가 종종 생긴다. 아무리 순한 기질의 아이라도 부모와 정서적 소통이 필요하다.

2. 자신의 생각과 감정을 표현하는 능력을 키울 수 있도록 노력한다

이 기질의 아이들은 부모가 이끄는 대로 잘 따라와 주는 아이들이다. 그렇다고 무조건 부모의 생각대로만 아이를 양육하다 보면 수동적인 아이로 자랄 수 있다. 그러니 무조건 부모의 의견을 따르기보다 아이 자신의 생각과 감정을 표현하고 드러내며 주도적인 아이로 성장할 수 있도록 돕는 노력이 필요하다.

3. 강점을 이야기해주며 긍정적인 방향으로 성장하도록 유도한다

순한 기질의 아이들은 누구와도 잘 어울리며 긍정적인 편이다. 칭찬과 격려에도 잘 반응하기 때문에 아이가 강점을 발휘할 수 있도록 유도하며 양육하는 것이 좋다.

1. 아이의 기질에 대한 이해가 필요하다

까다로운 기질의 아이들은 새로운 환경이나 상황에 적응하기 어렵다. 작은 변화에도 강하고 민감하게 받아들인다. 매우 예민하다는 사실에 대한 이해가 무엇보다 필요하다. 특히 아이와 다른 기질을 가진 양육자라면 까다로운 기질의 아이 행동이 더 이해가 되지 않을 수 있다. 그래서 더 아이가 가진 기질에 대한 이해가 필요하다.

2. 상황에 대한 예측이 가능하도록 미리 안내하며 안정적 환경을 조성한다

까다로운 기질의 아이는 갑작스러운 환경 변화에 불안을 느낀다. 간혹 다른 아이들은 다 괜찮은데 애 우리 아이만 이렇게 예민할까 생각해 아이를 다그치고 낯선 상황에 더 자주 노출 시켜 예민함이 없어지길 기대하는 경우가 있다. 하지만 이 방법은 아이에게 불안함을 더 증폭시킬 뿐이다. 이 기질의 아이에게는 미리 사진이나 영상을 보여주며 상황이나 장소에 대해 설명해주고 시뮬레이션을 하며 예측이 가능하도록 안내해 주는 것이 좋다. 가능하다면 변수가 없는 안정적 환경을 조성해주는 노력이 필요하다.

3. 아이의 감정을 수용하면서도 단호하며 일관된 원칙을 설정한다

까다로운 기질의 아이들은 자신의 불안함과 불편함을 울음과 떼로 표현한다. 간혹 아이의 울음과 떼가 듣고 싶지 않아 '오냐, 오냐' 하며 아이의 모든 것을 수용해주거나, 양육자의 마음 상태에 따라 이랬다 저랬다 하는 등 일관성 없는 양육 태도를 보인다면 아이는 더욱 혼란스러운 감정을 느끼게 되고 울음과 떼 역시 더욱 심해진다. 또 그런 아이에 감정적으로 대응하게 되면 아이와 갈등만 심해질 수 있으니 아이의 감정을 수용하되 반드시 단호하며 일관된 원칙을 설정하는 것이 필요하다.

1. 느긋하게 기다려준다

더딘 기질의 아이들은 반응이 느리고 소극적인 편이다. 혹시 양육자가 아이와 반대의 기질을 가지고 있다면 아이의 행동이 도무지 이해되지 않고 답답하게 보일 수도 있을 것이다. 하지만 이 기질의 아이에게 빠른 문제 해결력을 요구하거나 다그친다면 더 소극적이고 위축될 수 있다. 이 기질의 아이를 키우는 양육자는 그저 아이가 과제를 수행할 수 있도록 옆에서 느긋하게 기다려주고 지켜봐 주는 자세가 필요하다.

2. 새로운 환경에 적응할 시간을 주기

더딘 기질의 아이들 역시 까다로운 기질의 아이들처럼 새로운 환경에 적응하여 편안해지는데 시간이 오래 걸리는 편이다. 또한 갑작스러운 환경의 변화는 불안감을 가져다줄 수 있기 때문에 까다로운 기질의 아이처럼 미리 예측이 가능하도록 안내하며 새로운 환경에 적응할 충분한 시간을 주는 것이 필요하다.

3. 자신감 키워주기

　　　　더딘 기질의 아이들은 좋고 싫음을 선뜻 표현하지 못한다. 소극적이며 낯가림이나 수줍음이 많고 부끄러움도 잘 타기 때문에 적극적이고 활동적인 아이들과 비교하면서 다그치면 위축된 모습을 보이게 된다. 그러니 "잘하고 있어.", "역시, 너무 잘하는데."라며 아이에게 긍정적인 피드백을 주고 자신감을 키울 수 있도록 도와주는 것이 좋다.

사춘기가 찾아온 까칠한 아들은 더 이상
어릴 적 장미꽃을 사와 나를 감동 시키던,
F감성 터지는 아이가 아니었다.

언제 그랬냐는듯 나와는 감정의 대화에
담을 쌓고 있는 것 같아 보였다.
그리고 고슴도치가 가시를 세우고 경계 태세를 하듯
잔뜩 날을 세운 까칠한 아이로 변하고 있었다.

고슴도치도 자기 자식은 예쁘다는데
요즘 같아서는 나보다 고슴도치가 낫다는 생각이 들기도 했다.

헨델 파사칼리아
바로크 작곡가 헨델이 만든 하프시코드 모음곡으로 바이올린, 피아노,
오케스트라 등 많은 버전이 있다. 바로크 시대 곡의 형식이 그렇듯
같은 진행이 계속 반복, 변주, 변화되는 구조로 베이스 음이 점점 상승,
멜로디와 리듬이 화려해지는 부분은 마치 격변의 시간을 보내면서
감정의 소용돌이 속에 있는 사춘기 아이의 마음을 닮아 있다.

CHAPTER 2

성장하면서
까칠한 아이

나의 첫째는 매우 '순한' 기질의 아이로 어릴 때부터 육아서에서 분유 양, 이유식 먹는 시기, 식단은 물론 수면 교육까지, 지시하는 그대로 해도 큰 무리 없이 잘 따라와 준 아이였다. 사실 나는 세상 모든 아이가 다 이런 줄 알았다. 그럼에도 불구하고 육아는 정말 힘들었다. 누구에게나 그렇듯 나도 엄마가 처음이었고 모든 것에 서툴렀다.

1. F감성 소유자, 순한 기질 아들

큰아이가 초등학교 4학년 때의 일이다. 영어학원에서 단어시험에 100점을 받아 상품을 받아온 날이었다. 아이는 기대와 설렘에 가득 차 무슨 선물을 골라올까? 좋아하던 장난감을 받을까, 간식을 받을까, 며칠 전부터 나에게 묻고 또 물었다. 일을 하고 있는데 잔뜩 격양된 목소리로 아들의 전화가 왔다.

"엄마, 내가 엄마 선물로 꽃을 샀어! 동생 것도, 아빠 것도 샀어!"

일을 마치고 집에 들어가니 정말 아빠를 위한 방향제, 동생을 위한 네일 스티커, 자신을 위한 향수, 그리고 엄마를 위한 분홍 장미꽃이 있었다. 그중 엄마 꽃은, 모아놓은 토큰을 가장 많이 주고 사 왔다고 말하는 아들의 얼굴은 자기가 사 온 장미꽃보다 훨씬 예쁘게 피어 있었다. 날씨가 추워 꽃이 얼어버릴까 봐 점퍼 안에 꼭 안고 왔다고도 했다.

깨우지 않아도 매일 아침 일곱 시에 일어나 단어 시험 준비를 등교 전까지 하고, 노력하는 그 모습만으로도 기특하고 대견한데 엄마를 위해 꽃을 들고 뛰어왔을 아들의 모습을 상상하니 눈물이 나올 정도로 가슴이 벅찼다. 여느 화려한 꽃다발에 비할 수 없는 한 송이였다. 남편에게서도 받아보지 못한 꽃을 아들에게 받다니, 그렇게 나의 첫째는 F 감성 짙고 순하디 순한 기질의 아이였다.

2. 미안해, 나의 감정 쓰레기통

오늘도 무엇 때문인지 심기가 불편한 둘째 아이는 한 시간째 울고 있고, 나는 허리를 활처럼 휘고 뻗대는 아이를 안고 달래느라 혼이 반쯤은 나가 있는 상태였다. 큰 아이는 매일의 일상이라는 듯 아무 일 아닌 것처럼 유치원을 다녀온 후 식탁에 앉아 평온하게 간식을 먹고 있었다.

첫째 아이는 매일 유치원에서 하원을 하면 나에게 그날 있었던 일들을 전하느라 입을 쉬지 않고 재잘댔다. 그날도 간식을 먹으며 유치원에서 있었던 일을 이야기하고 있었지만 나는 쉼 없이 울어대는 둘째 때문에 이미 정신을 빼앗겼고, 그 사이 큰아이가 신나게 이야기를 하며 간식을 먹다가 들고 있던 음료가 담겨있는 컵을 떨어뜨리고 말았다. 나는 아이가 다치지 않았는지, 놀라지 않았는지 물어보지 않았다. 음료를 엎지른 아이에게 버럭 큰소리를 쳤다.

"아!"

그 무렵 나는 매일을 울고 뻗대는 작은아이 때문에 이미 스트레스를 받을 대로 받고 있던 상태였다. 누가 건들기만 해도 폭발할 치경에 있었다. 큰아이가 음료를 엎지른 일은 일종의 불씨가 되고 말았다. 나는 온 힘을 다해 나의 스트레스를 아이에게 쏟아 냈다. 그 순간 나를 바라보고 있는 큰아이의 커다란 눈동자가 내 눈에 들어왔다. 나를 바라보며 금방이라도 닭똥 같은 눈물을 뚝 하고 떨어뜨릴 것만 같은 그 눈을 말이다. 나는 번득 정신이 들었다.

'내가 무슨 짓을 하고 있는 거지! 이건 학대구나.'

때려야만 학대인가, 아이의 감정을 다치게 하고 있는 그 모습은 학대가 틀림없었다. 그 순간 나는 그동안 아이가 내 감정 쓰레기통 노릇을 하고 있었다는 걸 깨닫게 됐다.

변명을 조금 하자면 당시 나는 태생부터 까다로운 둘째 아이를 키우면서 쌓여가는 육아 스트레스로 인해 마음이 건강하지 못한 상태였다. 더군다나 도와주는 사람 하나 없이 흔히 말하는 독박 육아로 두 아이를 키우고 있었다. 남편은 한 달의 반 정도를 해외에 나가 있었다. 나에게는 둘째에 비해 손이 가지 않는 순한 큰아이의 마음까지 챙길 여력이 없었다. 더불어 나의 마음도 돌볼 여유가 없었

어머니와 아이 [모녀의 포옹]
1880, 메리 커샛

다. 순한 기질의 첫째 아이를 키울 때는 잘 몰랐는데 까다로운 기질의 둘째 아이를 키우며 나는 아이를 양육한다는 것은 정말 힘든 일이라는 것을 매일매일 온몸으로 체감하고 있었다.

우리는 살면서 다양한 감정을 느끼며 살아간다. 하루에도 수십 번씩 긍정적, 부정적 감정들을 느낀다. 보통의 사람들은 이런 다양한 감정들을 자신만의 방식으로 해소하며 살아간다. 하지만 더러는 스트레스를 받으면 건강한 방법으로 해소하지 못하고 자신보다 힘이 없고 보복하지 못하는 대상을 찾아 그 감정들을 털어내 버리기도 한다. 그것을 우리는 '감정 쓰레기통'이라고 부른다.

가령 직장 내 스트레스로 힘들어하는 남자가 밖에서는 싫은 소리 한번 내지 않다가 집에만 들어오면 자신보다 힘이 약한 아내와 아이들에게 폭군 행세를 하는 게 해당된다. 아빠와 사이가 좋지 않은 엄마가 아빠에 대한 부정적 감정들을 남편에게 말하지 못하고 자녀들에게 쏟아 낸다던가, 고3 학생이 학업으로 인한 스트레스를 늘 자신의 편이 되어주고 불섬양면 도와주는 엄마를 향해 푸는 행동도 마찬가지다. 보통 어린 연령의 자녀가 그 집안의 감정 쓰레기통이 되는 경우가 많은데 이유는 앞서 언급한 것처럼 가장 힘이 없고, 부모가 쏟아내는 부정적인 감정에 단 한마디 토를 달지 않고, 위협적인 상황에서도 부모에게 보복하지 못하는 대상이기 때문이다. 우리는 이렇게 자신보다 힘이 없고 나의 감정을 다 쏟아내도 나를 내치지 않을 누군가에게 내 감정의 쓰레기통 역할을 맡긴다. 그리고 쓰레기 처리하듯 힘들었던 내 감정들을 탈탈 털어내 버리고 만다.

내가 인식하지 못하는 사이에 나의 큰아이도 내 감정의 쓰레기통이 되어 있었다. 내가 감정을 더 잘 조절할 수 있는 어른이었다면 어땠을까? 내 마음이 조금 더 건강했다면 어땠을까? 아니, 내 감정의 쓰레기통이 나의 아이였다는 것을 조금이라도 빨리 깨달았다면 어땠을까? 나는 그날 나를 바라보던 아이의 눈빛을 잊지 못한다. 나는 내가 배웠던 지식, 그동안 읽었던 육아서는 다 어디에 두고 그 작은 아이에게 상처를 줬는지 반성했다.

아이가 어릴 때 "우리 아들, 엄마가 하늘만큼 땅만큼 우주만큼 사랑해."라고 말해준 적이 있다. 아마 우리가 아이를 사랑하는 마음은 하늘만큼 땅만큼 우주만큼이라는 말로도 다 표현할 수 없을 정도일 것이다. 아이를 위해서라면 목숨이라도 내어줄 수 있을 만큼 우리는 아이들을 사랑한다. 아이도 그럴 것이다. 아이에게 엄마는 하늘이고 땅이고 우주다. 그런데 우리는 살아가면서 그 하늘과 땅과 우주에 크고 작은 마음의 상처들을 낸다. 어떤 것은 너무 작아 눈에 보이지도 않으니 이해할 수 있을 것이라고 생각하고, 또 어떤 것은 더 큰 사랑으로 만회할 수 있을 것으로 생각하기도 한다. 하지만 몸에 상처가 나면 어떤 것은 아물기도 하지만 어떤 것은 크게, 어떤 것은 작게 흉터를 남기는 것처럼 마음의 상처 역시 어떤 것은 깨끗하게 아물지만 어떤 것은 흉터로 남아, 살면서 불쑥 불쑥 튀어나와 우리를 괴롭게 한다.

부모가 던지는 부정적인 감정들은 아이에게 고스란히 전달되어 아이에게 씻을 수 없는 상처를 남긴다. 그렇게 새겨진 감정의 상처는 곱절의 시간이 흐르더라도 지워지지 않는다. 아이는 부모의 감정 쓰레기통이 아니다. 하늘만큼 땅만큼 우주만큼 사랑하는 내 생명과도 같은, 그런 존재이다.

3. 감정의 대화가 통하지 않는 아이

며칠 동안 내린 갑작스러운 폭설로 첫째 아이가 신고 다니던 하나밖에 없는 운동화가 눈에 푹 젖어버렸다. 아침에 등교를 하는데 축축한 운동화를 신고 나갈 수 없어 끈이 떨어진 예전 운동화를 신고 가라고 했더니 아침부터 입이 댓 발 나와 온갖 짜증을 부렸다. 난 못 들은 척, 잘 다녀오라는 인사를 하고 뒤돌아서며 쓴웃음을 넘겼다. 최근 들어 사춘기가 시작된 큰아이와 사사건건 부딪치는 중이었다. 아이와 아침부터 감정에 날을 세우면 하루 종일 일이 손에 잡히지 않아서 나를 위해서라도 감정 소모를 줄이고 싶었다. 그래서 가능하면 아침엔 아이의 기분을 살피고, 짜증을 내더라도 가능하면 받아주고 이해하려고 노력 중이었다. 그날 역시 참을 인忍을 마음에 수십 번 눌러 적으며 짜증 내는 아이의 마음을 이해하고 마트가 오픈하자마자 아이의 운동화를 사러 나갔다.

이게 좋을까, 저게 좋을까. 몇 개월만 지나면 쑥쑥 자라는 발이니 너무 비싸지 않으면서도 아이가 좋아하는 브랜드로 사주고 싶었다. 내 운동화를 살 때도 그렇게 고민하지 않았건만 한창 까칠한 중학생 아들인지라 고민에 고민을 더했다. 집에 돌아와 아이가 너무 좋아 행복해하는 모습을 상상하며 아이의 책상 위에 새 신발을 올려두었다. 아이가 생각지 못한 선물을 보고 '꺅!'소리를 지르며 달려나와 어떤 행복한 얼굴을 보여줄까. 나에게 어떤 말을 할까. 그럼 나는 또 어떤 얘길 할까. 온갖 상상의 나래를 펼쳤다.

하교 후 아이가 집에 들어왔고 나의 행복한 상상이 무참히 깨지는데는 그리 오랜 시간이 걸리지 않았다. 한참을 지나도 조용하길래 방에 들어가 보니, 아들은 새 운동화를 본 건지 안 본 건지, 자기 핸드폰만 들여다보고 있었다. 답답한 사람이 우물을 판다고 내가 먼저 말을 걸었다.

"아들! 운동화 봤어?"

"어!"

아, 이렇게 '감정의 대화'가 통하지 않을 수 있을까. 아이가 어떤 행복한 표정을 지을까, 어떤 말을 할까, 그 모습을 보고 나는 또 얼마나 행복할까, 나의 행복한 상상이 무색하게 아이의 대답은 너무나 간결했고 무미건조했다. 학창 시절 짝사랑하던 남학생에게 거절당하고 느꼈을 법한 허탈하고 허무하고 속상한 감정이 휘몰아쳐 한동안 마음을 다잡을 수 없었다.

사춘기가 찾아온 까칠한 아들은 더 이상 어릴 적 장미꽃을 사와 나를 감동 시키던 F감성 터지는 아이가 아니었다. 언제 그랬냐는듯 나와는 감정의 대화에 담을 쌓고 있는 것 같아 보였다. 그리고 고슴도치가 가시를 세우고 경계 태세를 하듯 잔뜩 날을 세운 까칠한 아이도 변하고 있었다. 고슴도치도 자기 자식은 예쁘다는데 요즘 같아서는 나보다 고슴도치가 낫다는 생각이 들기도 했다.

나는 오늘도 아이의 마음을 이해해 보려고 노력한다. 때론 도를 닦듯 아이의 말에, 표정에, 태도 뒤에 숨겨져 있는 아이의 마음을 이해해 보려고 한다. 그리고 까칠한 아이와 더 많은 감정의 대화를 나누어 보려고 한다. 아이가 앞으로 살아갈 세상에서 겪게 될 수많은 시련과 어려움 속에서 기꺼이 감정을 나눌 수 있는 동지가 되길 바란다.

4. 지랄 총량의 법칙 -그 무엇도 두렵지 않은 천하무적 사춘기

보통 워킹맘들은 아이가 어린이집이나 유치원을 다닐 때보다 초등학교 입학할 때 일을 그만두는 경우가 더 많다. 물론 지금은 다양한 돌봄 정책들로 학교나 지자체에서 많은 도움을 받을 수 있지만 모든 맞벌이 가정의 아이들을 수용할 수 없는 경우가 태반이며 그마저도 문을 닫는 시간이 부모의 퇴근 시간보다 현저히 빨라 부모들은 아이를 안전하게 맡아줄 수 있는 곳을 찾느라 일명 '학원 뺑뺑이'를 돌리는 경우가 허다하다.

나도 첫째 아이가 초등학교에 입학하고 학교 돌봄교실 추첨에서 떨어져 어떻게 할지 고민이 많았었다. 다행히 나는 프리랜서로 시간을 충분히 조절할 수 있는 일을 했기에 아이에게 학원 뺑뺑이를 돌리는 대신 엄마가 없어도 하교 후 편하게 발을 뻗을 수 있는 집에서 시간을 보내기로 결정했다. 대신 아이가 하교 후 집에 돌아오면 해야 할 일들을 스케줄 노트에 적어두고 출근을 했다. 물론 아이가 혼자 있어야 하는 시간이 많지 않도록 조절하긴 했지만 초등학교를 갓 입학한 아이를 집에 혼자 두고 일을 한다는 것이 여간 걱정되는 일이 아니었다. 또 나와 약속한 일들을 아이가 잘 할 수 있을지 아이를 방치하는 것은 아닌지 걱정도 많았다. 하지만 아이는 순한 기질의 아이였고 순한 기질의 특성처럼 나와 정한 규칙에 잘 순응하며 새로운 생활에 거부감 없이 안정적으로 적응해 나갔다. 또한 돌발행동을 하거나 행동반경도 넓은 아이가 아니었기에 내게 큰 걱정을 안겨주지도 않았다. 물론 아이가 내가 내준 일들을 처음부터 잘했던 것은 아니었고 매일 잘 지켰던 것도 아니다. 하지만 얼마 지나지 않아 아이에게도 변화가 생겼다. 할 일을 마치고 노는 것, 학습을 계획하고 꾸준히 하는 것, 그리고 누가 시키지 않아도 스스로 학습하는 것까지 말이다.

초등학교 1학년때부터 작성했던 'To do list' 습관은 아이에게 매우 긍정적인 영향을 미쳤다. 덕분에 아이는 자기 주도적 학습과 자기 주도적 생활 습관이 형성되어 다른 학부모들의 부러움을 사기도 했다. 그렇게 나에게 큰 걱정거리를 안기지 않았던 그 순한 기질의 아이는 중학생이 되면서 변하기 시작했다. 사실 순한 기질의 아이라고 사춘기가 찾아오지 않겠는가. 다만, 그동안 부모가 이끄는 대로 잘 따라와 줬고 큰 반항이나 돌발행동 없이 자랐으니 사춘기도 그렇게 지나가길 바랄 뿐이다.

지랄 총량의 법칙이라고 했던가. 영유아기를 큰 소리 한번 내지 않고 키웠던 아이와 부딪히는 날이 갈수록 많아졌다. 아이는 내가 듣기 싫은 소리를 하면 큰 소리로 불편함을 표현해 맞서기도 했고, 눈을 똥그랗게 뜨고 나를 노려보며 자신이 화가 났다는 걸 표시했다. 총량의 법칙처럼 어릴 때 속 한번 썩이지 않았던 아이가 자신의 총량을 채우기라도 하듯 매일 매일 내 가슴을 후벼파는 말과 행동을 했다. 심지어 아이가 이런 상태에서 불같은 성격인 아빠와 부딪치기라도 하면 전쟁보다 더 큰 일이 벌어질까 염려되는 날이 하루 이틀이 아니었다.

사춘기 아이를 둔 부모라면 충분히 공감하겠지만 정말 말도 안 되는 이유를 들어 짜증을 내는데 이러다 성인군자들의 몸에서만 나온다는 '사리'가 나에게도 나오는 것이 아닌가 하는 생각이 들기도 하고, 내가 '동네북'인가 싶은 생각이 들기도 해 서글퍼지는 날도 있었다.

그렇게 쭉 순한 기질대로만 성장 하리라 생각했던 아이도 성장하면서 매우 까칠한 아이가 되어가고 있었던 것이다. 빠르면 초등학교 5~6학년, 늦으면 중학교에 입학하기 시작하면서부터 대부분의 아이들은 사춘기라는 병에 걸린다. 이 시기에는 신체적 특성뿐만 아니라 심리·정서에도 급격한 변화가 생겨 잘 있다가도 갑자기 불쑥 화를 내거나 짜증을 내기도 하고 엄마가 하는 말은 다 부정적으로 받아들이기도 한다. 전쟁을 나가기 전 비장한 각오의 장수처럼 시시때때로 공격적인 모습을 보이기도 한다. 때때로 세상 그 어떤 것도 두렵지 않은 듯, 소위 말하는 눈에 뵈는 게 없는 것 같은 모습일 때도 있다. 그럴 때마다 나는 그동안 내가 알던 아이와는 다른 모습에 흠칫 놀라기도 하고 그 모습이 지속될까 염려하기도 한다. 하지만 다행히도 '이 병'은 불치의 병이 아니다. 그저 잘 살펴주고 잘 성장할 수 있도록 도와주면서 기다려주면 된다.

아이들의 발달 단계는 모두 중요하지만 그중에서도 사춘기의 시기는 더욱 중요하다. 이 시기에는 부모도 아이가 이해되지 않지만 아이 역시 자신의 정체성에 대해 혼란을 느낀다. 몸은 성인처럼 큰 것 같지만 정신적으로는 아직도 불안정해 이쪽에도 저쪽에도 속하지 못해 방황하게 되니 말이다. 이 시기를 어떻게 보내느냐에 따라 부모와의 관계가 더욱 견고해지기도 하고, 평생을 가져갈 마음의 벽을 쌓기도 하니 사춘기를 어떻게 보내느냐는 부모와 아이 모두에게 중요한 시기임에 틀림이 없다.

나도 성인군자가 아니다 보니 사사건건 부딪치

는 아이에게 이런 노력을 하는 것이 쉽지는 않았다. 아이의 공격적인 행동과 말투를 보며 '내가 널 어떻게 키웠는데'라며 괘씸한 마음이 들기도 하다가 때로는 내 아이지만 무서운 마음이 들 때도 있다. 아이와 부딪치지 않기 위해 비위를 맞춰주기도 하고 싫은 소리를 하지 않으려 입을 닫았던 적도 있다.

그런데 생각해 보면 양육자인 부모도 다 이런 시간을 거쳐 오지 않았나. 어쩌면 내 아이가 나보다 조금 나을 수도 있다. 그러니 잠시 긴 숨을 내쉬듯 아이들을 기다려주자. 아주 큰 틀에서 올바른 행동과 아닌 행동을 구분할 수 있게 해주되 그 안에서는 숨을 쉴 수 있는 자유를 허용해 주자. 부모 눈에는 철없고 생각 없는 것처럼 보여도 우리 아이들은 자신의 미래와 인생에 대해 누구보다 치열한 내적 싸움을 하고 있는 중이다. 오락가락하는 자신의 감정도, 사랑하는 부모의 마음에 상처를 주고 있다는 사실도 다 알고 있다. 내게 눈을 똥그랗게 뜨고 노려보는 것도, 문을 쾅 닫고 소리치는 것도, 본인이 부모 나이쯤 되어 '나의 부모님이 이런 마음이었겠구나…'라고 할 날이 있지 않을까. 그러니 응원하고 기다리자. 사춘기가 영원한 사람은 없다.

5. 아들, 지금 힘드니?

중학생이 된 큰아이는 시험 기간이 되면 매우 날카로워진다. 시험에 대한 불안, 대학 입학에 대한 걱정 등 앞이 보이지 않는 내일이 얼마나 막막하고 막연했던 지, 매번 끝도 보이지 않는 지하로 내려가고 있는 것처럼 보였다. 나는 큰아이가 중학교에 입학하기 전까지는 학원 에 보내지 않았다. 자기주도 학습이 잘 되어 있어 스스로 문제집을 풀며 공부하게 했다. 무엇보다 나는 우리의 삶 에는 '선택과 집중'이 필요하다고 생각해서 정말 집중적 으로 공부를 해야 할 시기를 위해 체력과 돈, 모두를 비축 해두는 것이 필요하다고 생각했다. 그런데 아이는 학원을 다니기 시작하면서 불안해 하기 시작했다. 그동안 선행을 하지 않은 자신과 이미 한참 전부터 공부를 시작한 아이 들을 비교하면서였다. 좋아하는 기타를 치거나 자전거를 타면서 땀을 흠뻑 쏟아내는 걸로 자신의 불안을 해소하려

아이를 안고 앉아 있는 여성
1890년경, 메리 커샛

노력했지만 아직은 역부족인 나이여서 다리를 덜덜 떠는 초조함으로 나타났다. 때로는 물건을 던지거나 벽을 치는 과격함으로, 때로는 날카로운 말들로 자신과 타인에게 상처주는 것으로 해소하기도 했다. 그 불안은 돌고 돌아 학원을 일찍 보내 선행을 시키지 않은 나에게 원망이 되어 돌아왔다.

기말고사를 앞둔 어느 날, 아이는 시험 불안으로 압박감에 시달리고 있었다. 뭔가가 잘되지 않았던지 저녁 식탁 앞에 앉은 아이가 또 다리를 쿵쾅대며 한숨을 쉬고 부정적인 말들을 쏟아냈다. 그런 모습을 보고 있자니 나도 같이 한숨이 나와 견딜 수가 없었다. '그렇게 할 거면 공부는 그만 때려치워!'라는 말이 목구멍까지 올라왔지만 한편으로 생각하니 이 아이의 양쪽 어깨에 얼마나 커다란 짐이 짊어져 있기에 이 작은 시험 앞에 무너질까 안타까운 마음이 들었다. 나는 아이에게 다가가 아이가 있는 힘껏 쥐고 있는 숟가락을 빼내어 식탁 위에 가만히 올려놓고 말했다.

"아들, 지금 힘드니?"

"……."

좀 전까지 이리저리 널뛰는 감정으로 난리를 치던 아이가 한참 동안 말이 없었다. 그러다가 이내 눈물을 뚝 하고 떨어뜨렸다. 나는 고개를 푹 숙이고 눈물을 흘리고 있는 아이를 안았다. 이제 나보다 훨씬 더 커서 내 품 안에 들어오지도 않는 아들을 안고 나도 한참을 울었다.

어쩌면 아이 자신도 하루에 수만 번 소용돌이 치는 자신의 감정을 주체할 수 없고, 혼란스러운 마음을 어떻게 처리하는지도 몰라 도움을 요청하고 싶었을 것이다.

'엄마, 나 힘들어.'

'엄마, 나 좀 도와줘.'

'엄마, 나 좀 안아줘.'

사실 내가 아무리 "지금 잘하고 있어.", "너만큼 네 인생을 열심히 살아내고 있는 사람도 없는 것 같은데.", "걱정하지마."라고 말해도 아들은 자신이 잘하고 있는 건지, 이렇게 해서 자신이 생각한 대로 인생이 흘러가 줄지 아득하기만 했던 것 같다. 아이는 앞도 보이지 않는 캄캄한 터널을 지나고 있는 듯 보였다. 자신의 발끝도 보이지 않아 더듬더듬 손을 휘저어가며 겨우 한 걸음씩 나아가고 있으니 불안하고 조급했다. 어떻게 불안하지 않고 조급하지 않을 수 있겠는가. 마흔이 넘은 나도 한치 앞을 알 수 없는 내일이 두려운 걸. 어쩌면 불안하고 걱정되는 것이 너무나 당연한 일이 아닐까.

사춘기 아이들은 그 나이의 특성상 감정의 변화가 극심하다. 하루에도 맑았다 흐렸다를 반복해서 사춘기 아이의 부모는 아이가 정말 꼴도 보기 싫고 말하고 싶지 않을 때도 많다. 가끔은 저것들이 도무지 생각이라는 것을 하고 사는 것인가 싶을 때도 있다. 그런데 부모의 눈에는 철없고 생각 없이 사는 것 같아 보이는 그 아이가 자신의 알 수 없는 미래에 대해 더 불안하고 걱정한다는 거다.

'뭘 하고 살까, 어떻게 살아야 할까?'

그렇듯 힘들고 어려운 세계를 살아가고 있는 아이들에게 따뜻한 말을 전해보면 어떨까?

"얘들아, 힘들지!"

사춘기 아이 양육법

요즘 아이들은 빠르면 초등학교 5-6학년 정도면 사춘기가 시작된다. 보통은 부모의 말에 무조건 "싫은데!", "왜 그렇게 해야 하는데?"라며 말대꾸를 하거나 부모의 말과는 무조건 반대로 하는 청개구리 기질을 보이면 사춘기가 시작되었다고 생각한다. 물론 사춘기도 기질의 차이처럼 부모와 자녀 모두에게 상처를 남길 만큼 심하게 겪고 지나가는 아이가 있는가 하면 언제 지나갔는지도 모르게 조용히 지나가는 아이도 있다. 하지만 누구나 겪어야 하는 과정이고 또 이 시기를 잘 보내야만 건강한 성인으로 성장할 수 있다. 부모의 관심이 필요한 시기인 것은 분명하다.

1. 사춘기의 특성 이해하기

사춘기는 아이가 유아의 티를 벗고 성인으로 성장하면서 큰 변화를 겪는 시기이다. 이 시기에는 여러 신체적 변화가 찾아오는 것은 물론이고 뇌의 전두엽이 급성장하면서 정신적으로도 많은 변화를 겪는다. 심리적으로도 매우 불안한 상태가 된다. 그래서 웃으며 이야기를 나누다가도 언제 그랬냐는 듯이 짜증을 내거나 화를 내기도 하고 예민한 반응을 보이거나 충동적인 행동을 하기도 한다. 사춘기 아이가 이런 행동을 할 때면 보통 부모들은 아이가 나이를 한 살 더 먹으니 반항을 한다고 생각한다. 그래서 아이와 마찰을 겪으며 힘들어 하기도 하고 버릇을 고쳐놓겠다며 아이를 더 억누르기도 한다.

하지만 앞에서도 언급한 것처럼 이 시기 아이들의 변화무쌍한 마음 상태는 반항을 하는 것이 아니다. 뇌의 발달로 인한 지극히 자연스러운 행동이다. 그러니 이 시기 아이들의 특성에 대해 이해하고 존중해줄 필요가 있다. 화가 나서 문을 쾅 닫아도 "바람 때문에 그런거지?"라며 한쪽 눈을 살짝 감아 줄 수 있는 넓은 마음 말이다. 아이는 아직 미완성의 상태에서 성숙된 인간으로 성장해 가고 있는 중이다.

2. 대화가 필요해

사춘기 아이를 둔 부모들은 아이와 대화가 되지 않는다는 말을 많이 한다. 초등학교 때만 해도 하교 후 조잘조잘 하룻동안 있었던 일을 잘도 이야기하더니 사춘기가 되더니 무얼 물어도 대답을 하지 않고 무슨 일을 하는지 방에 들어가 문을 닫고 있으니, 어떤 부모들은 굳게 닫힌 방문을 떼 버리고 싶다는 이야기도 한다.

　어떤 시기도 마찬가지겠지만 특히 사춘기의 아이들과의 대화는 아주 중요하다. 아이들은 이 시기 많은 변화를 겪으며 여러 가지 생각을 한다. 때로는 잘못된 생각을 하기도 하고 잘못된 선택을 하기도 한다. 그러니 아이들이 요즘 어떤 생각을 하고 있는지, 아이에게 무슨 일이 있는지 반드시 알아볼 필요가 있다. 많은 부모들이 아이와 대화를 나누고 싶지만 도통 입을 열지 않는 아이와 어떻게 대화를 하냐고 묻곤 한다. 하지만 사춘기 아이와 대화하는 방법은 그리 어렵지 않다. 그저 충고는 접어두고, 아이의 이야기를 무조건 들어주고 공감해주면 된다. 혹시 아이가 대화를 잘 나누려고 하지 않는다면 대화법을 점검해 보아야 한다. 아이의 이야기에 부지불식간 비난을 한다거나 네가 뭘 아냐는 식으로 무시하는 등 무조건 부모의 말이 맞다는 식의 권위주의적 태도를 보이지 않았는지 말이다.

　신체적·정신적으로 급격한 변화를 겪고 있는 아

이들은 지금 이 순간이 불안하고 두렵다. 분명 부모의 따뜻한 격려와 지지를 누구보다 원하고 있다. 부모의 그런 말을 통해 세상을 살아낼 힘을 얻으며 넘어져도 훌훌 털고 다시 일어설 수 있는 용기를 얻게 된다.

3. 자신이 선택하고 결정하고 책임을 지는 아이

사춘기 아이는 부모가 하는 말에 대해 "내가 알아서 할게.", "내 인생이야.", "엄마는 신경 쓰지마." 등의 말로 철벽을 치곤 한다. 부모 입장에서야 이 말을 들으면 화가 나지만 사실 이 말은 아이들이 자아 정체감이 발달하면서 부모로부터 슬슬 독립을 준비하고 있다는 말로 받아들여야 한다. 물론 아직 어떤 일을 결정하는데 미숙함이 있지만 아이는 자신이 모든 일을 스스로 선택하고 결정할 수 있다고 생각하고 시도한다. 아이에게 기회를 주지 않고 "네가 뭘 알아서 해."라면서 1부터 10까지 아이의 모든 것에 관여하려고 한다면 아이는 자신의 일을 선택하고 결정하고 책임을 지는 중요한 근력을 키우지 못하게 된다. 그러니 아이의 미성숙한 결정에 대해 걱정하지 말고 아이가 할 수 있는 아주 작은 일부터 하나씩 결정하고 책임질 수 있는 기회를 주는 것이 필요하다. 가령 자신이 다닐 학원을 엄마의 선택이 아닌 자신이 선택해 보게 한다든지, 자신의 학업을 계획해 보거나 미래를 설계해 보는 등의 것부터 말이다. 가족여행의 계획을 세워 보게 하는 일도 좋다.

　　미숙한 아이가 늘 옳은 결정을 내릴 수는 없다. 때론 자신의 선택에 쓰디쓴 결과를 맛볼 수도 있을 것이고 때로는 책임을 져야 하는 일들이 생길 수도 있다. 하지만 파도에 수만 번 굴려야 동그랗고 매끄러운 몽돌이 되듯 사춘기 시절 깨지고 다듬어졌던 많은 경험들은 먼 훗날 아이가 자신의 일을 결정하고 책임질 수 있는 건강한 성인으로 성장하는데 중요한 지침이 된다.

4. 감정적으로 대처하지 않기

　　몇 년 전 상담을 했던 중학생 남자아이에게 부모로부터 가장 크게 상처받은 말이 무엇인지 물어보았다. 아이는 잠시 고민하다가 '부모님이 자신에게 집에서 나가라'고 했던 말을 답했다. 내가 '이제 중학생이니 맘만 먹으면 나가서 할 수 있는 것도 많고 별로 무섭지도 않을 것 같은데 그 말이 그렇게 속상했냐'고 물어보니 '엄마가 나가라는 말에 호기롭게 나왔지만 막상 나오니 갈 곳도 없었고 무엇보다 엄마가 나를 포기해버릴 것 같은 느낌이 들었다'는 대답이 돌아왔다. 아이는 자신이 잘못한 것은 전혀 기억이 나지 않지만 엄마가 자신한테 한 말은 잊을 수 없다고 했다. 엄마의 나가라는 으름장이 아주 어린아이에게나 무섭고 두려울 거라 생각했는데 몸집이 산만한 중학생 아이의 입에서 그 이야기를 들으니 새삼 '너도 몸만 컸지 아직은 아이구나.'라는 생각이 들었다.

사춘기 시기의 아이들은 몸은 컸지만 마음은 아직 어린아이와 같아서 감정적으로 매우 불안정하기 때문에 쉽게 상처받는다. 그러다 보니 A를 이야기하다가도 부모에게 상처받은 말 한마디로 마음이 다쳐서 본질이 아닌 상처 준 말 한마디에 서러워한다. 또 감정 기복이 커서 친구들과 웃고 떠들며 놀다가도 금새 기분이 다운되어 지하 10층까지 땅굴을 파기도 한다. 반면 부모는 아이들이 자신보다 키도 커지고 몸집도 커지다 보니 커진 몸만큼이나 정신도 성인처럼 성장했다고 착각을 한다. 그러다 보니 맑았다 흐렸다 하는 아이의 감정과 이해할 수 없는 행동들로 인해 자주 부딪치기도 하고 화가 난 마음을 감정적으로 대처하기도 한다. 하지만 이런 감정적 대처는 서로에게 상처만 줄 뿐 아이와의 관계에 전혀 도움이 되지 않는다.

사춘기에는 신체적으로 여러 변화가 나타나며 키도 크고 몸집도 커져 폭풍 성장을 하는 시기이다. 하지만 신체가 성장한 것이지 정신도 완전히 성숙된 것이 아니다. 아이들은 아직 온전히 성장하지 못한 미성숙한 존재들이다. 그러니 부모는 감정을 최대한 비우고 아이들을 이해해 주는 자세가 필요하다. 화가 난 마음을 감정적으로 대처해 집을 나가라고 했으나 정말 집을 나가버린 아이를 버선발로 뛰쳐나가 찾으러 다니는 모양 빠지는 행동은 하지 않도록 하자. 사춘기 아이들은 아직 이해받아야 할 아이다.

5. 공부만 잘하는 아이가 아닌 공부도 잘하는 아이로 키우기

첫째 아이가 초등학교 6학년 때였다. 하루는 아이의 친구 엄마가 나에게 물었다. "아이가 혼자 지하철을 타고 학원을 왔다 갔다 한다면서요? 그거 정말이에요?" 당시 아이는 기타를 배우러 한 시간 정도 떨어진 거리의 학원에 지하철과 버스로 다니고 있었다. 초등학생이 혼자 지하철을 타고 다닌다고 하니 아이의 말이 거짓말이라고 생각했던 모양이다.

요즘엔 아이들이 성인이 되어서도 할 수 있는게 많지 않다. 성장할 때 모든 것을 부모가 다 해결해 주다보니 성인이 되어서도 작은 일 하나 결정하지 못하고 자신의 방을 정리한다거나 자신이 먹은 밥그릇 하나 치울 생각을 하지 못한다. 정확히 말하면 못하는 것이 아니라 안 하는 것이 더 맞는 표현일 수는 있겠으나 우리는 아이들에게 오로지 공부만을 요구하는 세상을 살아가면서 필요한 규칙, 예절, 배려 같은 것들은 가르치지 못하고 있다. 오죽하면 요즘 아이들은 대학에 입학해도 자신이 수강할 과목을 선택하지 못해 엄마가 시간표를 대신 짜주거나 직장 상사에게 결근 통보도 대신 해 준다는 우스갯소리까지 있지 않은가. 또 조금만 힘든 상황이 오면 나로 인해 피해를 볼 수 있는 다른 사람은 생각하지 않고 쉽게 포기하기도 한다. 실수를 해도 인정하거나 해결하지 못하고 잘못에 대해 사과할 줄 모른다. 우리 어린 시절만 생각해 보더라도 밤늦은 시간 다른집에 전화를 할 때면 꼭 '밤늦게 죄송합니다만'이라는 말을 먼저 건네고 늦은 밤 휴식을 취하고 있을지 모르는 상대방에게 미안함을 표현하였으나 요즘엔 그런 것은 누가 가르치지도, 책에 나오지도 않는다. 물론 요즘은 개인 핸드폰이 있으니 제3자에게 피해를 끼칠 일은 없겠지만 누군가의 휴식을 방해했다는 것은 마찬가지니 적어도 미안해 하는 마음은 가져야 하는 것이 아닌가.

나는 나의 아이들이 공부만 잘하는 아이로 성장하는 것은 원하지 않는다. 자신의 생활 습관을 계획하고, 주변을 정리하며, 나와 타인에게 예의 있게 행동하고, 배려할 줄 아는, 매사 감사해 할 줄 아는 아이로 성장하길 바란다. 책 속에 있는 공부가 아닌 세상을 공부해 가길 바란다. 우리가 세상을 살아갈 때 중요한 것은 책 속에 있는 공부가 아니다. 우리 아이가 공부만 잘하는 아이가 아닌 공부도 잘하는 아이로 성장하길 바란다.

선택적 함구 증상을 보이는 아이들에게는

"너는 왜 말을 못 하니.",
"다른 애들은 잘하는데 너는 왜 그 모양이니.",
"도대체 뭐가 문제니."

라며 다그치거나 억지로 말을 시키는 것은
전혀 도움이 되지 않는다.

불안한 상황에 자주 노출 시키면
나아질 것이라 생각하고 준비되지 않은 상황에
여과 없이 아이를 노출 시키는 것 또한 좋은 방법이 아니다.

부모가 아이를 어떻게 양육하고 있는지
양육 스타일을 점검해 보는 것이 도움이 된다.

별처럼 빛나는 너에게
잔잔하고 따뜻한 분위기의 멜로디처럼 이 세상 모든 아이들이 행복하게
살아가길 바라는 나의 마음을 대변해주는 듯하다. 부모는 지치고 힘든
아이들이 편안하게 쉴 안식처가 되어주어야 한다.
"너희들은 모두 반짝반짝 빛나는 별이다!"

CHAPTER 3

부모는 모르는
까칠한 내 아이

나는 상담 현장에서 아동 청소년들을 많이 만난
다. 내가 같은 또래의 아이를 키우고 있어 아이들에게 관
심이 많기도 하지만, 상담을 통해 아이들의 삶이나 학교생
활이 편안해지는 것을 보는 일이 행복하다. 특히나 이런저
런 이유로 어린 나이에 마음의 문을 닫고 세상을 향해 잔
뜩 웅크린 채 날을 세운 고슴도치 같은 아이들의 모습을
볼 때면 가엽고 짠하다.

**'얼마나 속이 상할까, 얼마나 마음이 답답할까,
살아온 날보다 살아갈 날이 훨씬 많은 아이가
말하는 절망이란 것은 어떤 것일까.'**

아이를 괴롭게 하는 세상에서 빨리 꺼내주고 싶은 마음이
다. 이 넓은 세상에서 '나 혼자다'라는 생각이 드는 것, 그
것만큼 외로운 것이 또 있을까

나는 이 세상의 아이들이 정말 누구보다 행복하
게 살았으면 좋겠다. 먼 훗날 나이가 들어도 추억할 만큼
즐거운 학창 시절을 보냈으면 좋겠고, 힘들 때 자신을 위

해 기도하고 걱정하는 누군가가 옆에 있다는 사실을 알았으면 좋겠다. 무엇보다 자신이 '이 세상에서 제일 반짝반짝 빛나는 존재'이라는 것을 스스로 알았으면 좋겠다.

1. 집 밖에서 입을 닫는 아이

최근 몇 년 전부터 상담 현장에서 '선택적 함묵증'을 겪는 아이들을 종종 만나곤 한다. 선택적 함묵증 혹은 선택적 함구증이라고도 하는 이 증상을 겪는 아이들은 평소에는 말을 잘하고 이해도 잘해 인지적인 문제는 없으나 특정 상황이나 장소, 사람 앞에 노출될 때는 말을 하지 못하는 일종의 불안장애anxiety disorder를 겪는다. 보통 아이들이 낯선 곳에 처음 가게 되거나 학교나 기관에 입학하게 되면 낯선 상황에 대한 두려움과 부끄러움을 느껴 몸을 베베 꼬며 자기 생각을 잘 표현하지 못하는 경우가 많은데 선택적 함묵증의 경우는 그런 두려움과 부끄러움을 지나쳐 아예 입을 닫아버리는 경우를 말한다. 그래서 선택적 함묵증을 진단할 때는 장애 기간이 적어도 1개월 이상은 지속되어야 하며, 입학 후 처음 1개월은 포함시키지 않는다.

선택적 함묵증의 원인으로는, 정신분석이론에 입각한 원인, 외상론, 체질 또는 기질적 요인, 분리불안, 정신병리 등을 든다. 문제는 이로 인해 아동의 사회적 소통이 어려워지고, 나아가 학업이나 교우관계에 영향을 받는 것이다. 간혹 선택적 함묵증의 진단이 늦어지거나 부모가 대수롭지 않게 생각하는 경우가 있는데, 그 이유는 이 장애를 겪는 아동들이 수년간 학교나 자신이 불안함을 느끼는 특정 상황에서는 완전히 침묵을 유지하지만, 집이나 가족과 같이 친밀한 관계에서는 정상적으로 대화가 가능하기 때문이다. 부모가 학교나 기관에서 피드백을 받기 전까지 아이의 상태에 대해 인지하기가 어려운 것도 아이가 부끄러움이 많아서 그런다는 정도로 치부해서다.

몇 년 전 어느 여름날 내가 만났던 수연이도 그랬다. 초등학교 3학년인 수연이는 학교에서 전혀 입을 열지 않았다. 부모 역시 그런 수연이의 상태를 대수롭지 않게 생각했다. 그러나 담임교사는 달랐다. 내가 수연이를 만나게 된것도 수연이의 목소리를 꼭 들어보고 싶다며 상담을 의뢰한 담임교사 덕분이었다.

수연이는 학교에서는 그 누구와도 대화를 하지 않았다. 담임교사의 물음에는 약간의 고개 끄덕임 정도로만 의사 표현을 하고 있었다. 이제 곧 고학년이 되는 수연이의 학업 성적은 매우 저조한 상태였고 도움을 주고 싶었던 담임교사가 방과 후 따로 지도를 하고 있었지만 그마저도 의사소통이 되지 않으니 무엇을 알고 무엇을 모르는지 확인하기 어려워 학습의 효과도 나타나지 않았다. 이미 오랜 시간 학교에서 얼굴을 봐 왔던 담임교사와도 의사소통이 되지 않으니 처음 만나는 나와는 당연히 의사소통이 어려울 것으로 생각됐다. 나는 수연이와의 대화를 위해 미술 도구 몇 가지를 챙겨 가 조심스레 수연이와 상담을 시작했다. 예상했던 대로 수연이는 내가 묻는 말에 대답을 하지 않았다. 낯선 상황이 두려웠는지 나와는 시선도 맞추지 못하고 침묵한 채 책상만 바라다 봤다.

그 무렵 수연이의 어머니는 담임교사를 통해 아이가 학교에서 말을 하지 않는다는 얘길 들었지만 설마 아예 한마디도 하지 않을까, 대수롭지 않게 생각했다. 원래 소심하고 부끄러움이 많은 아이니 딱 그 정도일 것이라고

젊은 어머니 재봉사
1900, 메리 카사트

만 생각했다고 한다. 그도 그럴 것이 수연이는 4남매 중 가장 수다스러운 아이였다. 하교 후 집에 오면 엄마 귀에서 피가 날 정도로 조잘대는 아이였기 때문에 담임교사의 이야기를 심각하게 받아들이지 않았다. 오히려 그동안 아이가 학교에서 정말 한마디도 하지 않았느냐고 나에게 반문했다.

나는 수연이와의 관계 형성을 위해 많은 시간 공을 들였다. 처음엔 고개만 끄덕이던 아이가 차츰 하고 싶은 말을 종이에 쓰기 시작했고 얼마 지나지 않아 한마디 두 마디씩 자신의 이야기를 꺼내놓기 시작했다. 초등학교 입학 후 담임교사가 두 번 바뀌면서 학교에 적응하는 게 쉽지 않았다는 이야기, 수연이가 수업 내용을 잘 알아듣지 못하고 교사의 질문에 틀린 답을 말해 심하게 야단을 맞았던 이야기, 학교 가는 것이 너무 무서웠다는 이야기, 학교 친구들이 모여 이야기하고 있을 때 자신도 그 무리에 끼어 말을 하고 싶은데 그러지 못해서 너무 답답했다는 이야기도 했다.

집에서 수연이는, 엄마의 말처럼 수다스럽고 해맑은 아이였다. 그런데 사실 수연이는 예민하고 까다로운 기질의 아이였다. 그래서 처음 접하는 학교가 다른 아이들보다 더 낯설고 두려웠던 거다. 그런 중에 익숙해질 만하면 바뀌었던 환경과 자극들이 불안을 가중시켰고, 담임교사로부터 심하게 야단맞는 일까지 생기면서 학교라는 공간 자체가 수연이에게는 안전하지 않은 일종의 트라우마 트리거trauma trigger로 작용했을 가능성이 있어 보였다.

무더웠던 여름에 시작된 수연이와의 만남은 서늘한 바람이 불어오는 가을 무렵까지 이어졌다. 흐르는 시간만큼 우린 많은 이야기를 나누었다. 학교가 안전하지 않은 곳이라고 생각했던 수연이의 생각을 바꾸기 위해 많은 대화도 나누고 다양한 활동도 했다. 수연이는 내 생각보다 더 빠르게 변화해갔다 학교에서 조금씩 이야기를 하기 시작했고 자연스럽진 않았지만, 수업 시간에 발표도 했다. 친구에게 먼저 말을 걸어보는 용기도 생겼다. 수연이의 변화에 가장 기뻐했던 사람은 수연이의 담임교사였다. 담임교사는 새 학년이 되기 전에 수연이의 목소리를 들어볼 수 있게 되었다며 기뻐하면서 나에게 고맙다는 인사를 전해왔다.

초등학교 2학년인 영주도 학교에서 입을 열지 않는 아이였다. 학교에 적응했을 법한 2학년, 하고도 2학기 중반에 접어들었음에도 수업 시간에 담임교사가 발표를 시키거나 질문을 하면 울어버리는 아이였다. 영주가 있는 학급에서는 학생들이 돌아가며 책을 읽는 시간이 있었는데 영주는 자신의 차례가 돌아올 때마다 매번 우는 바람에 학급에서 유일하게 책을 읽지 못한 학생이 되어 있었다. 그래서 영주는 학업보다 친구 관계가 더 걱정되는 상황이였다. 모둠활동이 많은 요즘의 학교생활에서 영주 같은 아이는 같은 모둠원으로 환영받지 못하는 아이 1순위이다. 자연히 친구들의 원망과 질타의 대상이 되고 이런 상황은 악순환됐다. 친구도 없이 외롭고 힘든 학교생활을 하게 된 영주에게 빠른 도움이 필요했다.

영주는 초등학생으로 보이지 않을 정도로 아주 작고 외소한 체구였다. 아이는 아침에 엄마가 예쁘게 빗어 땋아준 머리를 하고, 다양한 활동이 요구되는 학교에서는

모성의 키스
1896, 메리 카사트

어울리지 않을 법한 옷차림으로 나를 처음 만났다. 사실 영주와의 상담은 그리 순탄치 않았다. 내가 영주를 처음 만났던 날 역시 영주는 꽤 많은 시간을 울었다. 상담 시간 내내 엄마가 보고 싶다는 말만 되풀이 했다. 그 후로도 꽤 긴 회기 동안 엄마가 밖에서 기다리고 있음에도 잠시 떨어져 있는 것도 힘들어 했다. 영주는 수연이와는 다르게 학교가 안전하지 않은 곳이라고 느껴 입을 닫은 게 아니었다. 아이는 아주 밀첩한 대상인 엄마와 떨어지는 것에 대한 분리 불안Separation Anxiety Disorder이 있었다.

분리 불안 장애는 자신과 밀첩한 애착 대상자아버지나 어머니 등의 양육자와 떨어지는 것에 대한 불안이 나이에 비해 심해 일상생활에 심각한 영향을 미치는 경우를 말한다. 보통 분리 불안은 영아와 어린아이, 4-5세 유아들에게 가장 많이 나타나지만 과거에 가까운 사람의 죽음, 질병, 이사 등과 같은 스트레스 상황을 경험한 청소년이나 성인들에게 나타나기도 한다. 영주의 경우 특별한 과거 경험이 없었지만 애착 관계인 엄마와 떨어져 생활하는 것에 불안을 겪고 있었다.

보통 영주 또래의 아동기 아이들은 엄마보다 또래 관계를 중요하게 여긴다. 사회적 소속감과 인정욕구가 강해지는 시기이다. 그런데 영주는 평소에도 하교 후 학원이나 또래 친구들과 놀이를 하거나 관계를 맺는 활동들은 일절 하지 않았다. 영주는 대부분의 시간을 엄마와 함께 보내고 있었다. 또 영주의 엄마는 영주의 작은 일 하나까지도 모두 대신 해주며 영주를 과잉보호하고 있는 등 매우 허용적인 양육 태도를 보였다. 옷을 입는 것부터 책가방을 싸는 것, 놀이를 하는 것, 때론 영주가 하기 싫어하는 숙제까지 모든 것을 엄마가 해주고 있었다.

영주는 엄마와 강한 정신적 유대관계가 형성되어 지나치게 밀착되어 있었고, 엄마의 과보호적인 양육 태도는 영주로 하여금 엄마와 분리되어야만 하는 학교에서 불안도를 높였다. 제한과 규칙이 많은 학교라는 공간에는 엄마처럼 무조건적으로 허용적인 사람이 없으니 영주 입장에서는 학교라는 공간이 매우 무섭고 불안한 곳이었을 것이다.

원인은 다양하지만 선택적 함구증은 모두 특정 상황이나 장소에 대한 불안함과 두려움을 크게 느끼면서 발현한다는 걸 알 수있다. 그리고 수치, 처벌과 같은 것으로부터 자신을 방어하고 두려움을 조절하기 위한 수단으로 침묵을 선택한다. 대개는 성장하면서 좋아지지만, 아이가 입을 닫는 원인이 그저 소극적이고 수줍음이 많은 아이라거나 크면 나아지겠지라고 치부할 일은 아니다. 아이의 불편하고 불안한 마음이 어떤 것인지 확인하는 조치가 필요하다. 또한 이러한 증상들은 대게 부모가 잘 알지 못한 채 아이가 학교생활을 하면서 혼자 큰 어려움을 느끼는 경우라 아이의 행복한 학교생활을 위해서 면밀히 살펴보아야 할 문제이다.

수연이나 영주가 보인 증상은 모두 행동치료, 놀이치료, 심리치료, 심하면 약물치료 등으로 도움을 받을 수 있다. 하지만 무엇보다 중요한 건 아이의 불안과 두려움을 충분히 이해하고, 기다려주는 일이다. 보호자뿐만 아니라 아이들이 가장 많이 시간을 보내는 학교의 선생님이나 주변 친구들의 도움도 매우 중요하다. 선택적 함구 증상을보이는 아이들에게는 "너는 왜 말을 못 하니?", "다른 애들은 잘하는데 너는 왜 그 모양이니!", "도대체 뭐가 문제니?"라며 다그치거나 억지로 말을 시키는 것은 도움이 되지 못한다. 불안한 상황에 자주 노출 시키면 나아질 것이라 생각하고 준비되지 않은 상황에 여과 없이 아이를 노출 시키는 것 또한 좋은 방법이 아니다.

　　부모가 아이를 어떻게 양육하고 있는지 양육 스타일을 점검해 보는 것이 도움이 된다. 집에선 말 잘하는 아이가 밖에 나가선 입을 닫아버리니 부모는 답답하고 옆에서 보고 있기 힘들지만 문밖의 세상에서 하루하루가 불안하고 두려운 아이 입장을 생각해야 한다. 누군가와 말을 하고 싶어도, 친구들의 대화에 끼고 싶어도, 함께 어울리고 싶어도 그렇게 하지 못하는 아이 자신이 세상 그 누구보다 가장 답답하니 말이다. 아이들이 문밖의 세상에서도 불안하고 두렵지 않도록 돕는 일이 우선이다.

2. 마음이 외로운 아이

초등학교 3학년인 선호는 늘 혼자 있는 아이다. 선호는 맞벌이 가정의 아이로 부모 모두 아침 일찍부터 저녁 늦은 시간까지 일을 하고 있었다. 선호는 하교 후 학원 한두 곳 정도를 돌고 집에 들어가 깜깜한 저녁이 될 때까지 혼자 시간을 보냈다. 친구도 없다 보니 밖에 나가 놀거나 친구들과 함께 시간을 보내는 일도 거의 없었다. 내가 선호를 처음 만났을 때 선호는 매우 무기력한 모습이었다. 얼굴엔 표정 변화가 거의 없었고, 옷은 언제 빨았는지 지저분해 보였다. 더운 여름이었는데도 계절에 맞지 않는 긴 팔을 입고 있었다.

선호는 마음이 외로운 아이였다. 학교에서도 친구가 없어 늘 혼자였고, 집에서도 혼자였다. 좋아하는 그림을 그릴 때면 다양한 색을 사용해 그림을 그리는 또래 아이들과 달리 온통 검정색만을 사용해 그림을 그렸다. 수업 시간에도 집중을 못하고 내내 종이를 찢는 행동을 보였다. 나는 선호를 처음 만난 날, 장난기 많은 또래 초등학생

남자아이들과 달리 무기력하고 텅 빈 눈으로 나를 바라보던 선호의 모습을 보며 마음이 아팠다. 선호의 그림처럼 아이의 세상 역시 온통 검은색인 것 같았다.

선호와는 가능한 재미있는 놀이를 하거나 많은 이야기를 나누었다. 학교에서 있었던 이야기, 좋아하는 놀이나 음식같이 아주 사소한 것을 나누고, 하고 싶은 일과 요즘 선호를 힘들게 하는 이야기까지. 매주 내가 가지고 있는 보드게임을 하나씩 풀어놓고 함께 놀아주기도 하고 되도록 많이 웃을 수 있도록 해주었다. 선호는 특히 할리갈리 게임을 할 때 가장 신나게 웃었다. 내가 많이 져 주니 본인이 나서서 내게 잘하는 방법을 설명해 주기도 했다. 선호가 환하게 웃는 얼굴을 볼 수 있었다.

중학생 동수 역시 마음이 외로운 아이였다. 동수는 부유한 가정에서 부족한 것 없이 풍족하게 성장했다. 성적도 늘 상위권을 유지했고 친구도 많았다. 부모님은 자녀들에게 사랑을 많이 주었지만 늘 바빴다. 사업으로 바빴던 동수의 아버지는 집에 있는 시간이 많지 않았고 휴일엔 대부분 밀린 잠을 보충하느라 동수와 함께하는 시간이 그리 많지 않았다. 동수 엄마의 말에 의하면 동수가 어릴 때 아빠를 집에서 자주 보지 못하니 아빠가 자신과 함께 놀아주지 않아도 그림처럼 자기 옆에 가만히 있기만 해도 좋겠다는 말을 했다고 전해주었다. 나를 만난 동수는 이렇게 말했다.

"학교에서 가족에 대한 발표수업을 하는데 다른 아이들은 아빠와 자전거를 타거나 캐치볼 같은 것을 했던 여러 가지 추억을 이야기하느라 정신이 없는데 저는 아무리 생각해봐도 아빠와 함께 했던 추억이 생각나지 않았어요. 아빠가 저한테 좋은 집에서 어려움 없이 살게 해준 것은 너무 고마운데, 아빠가 저한테 해준 것은 그거밖에 없는 것 같아요."

동수 아빠가 동수에게 해 준 것이 왜 그것밖에 없겠나. 동수가 알지 못하지만 동수가 그 누구보다 행복하게 세상을 살아갈 수 있는 터전을 만들어주기 위해 엄마 뱃속에 있을 때부터 노력하고 있었을 텐데 말이다. 동수가 아빠를 사랑하는 마음만큼 동수의 마음엔 아빠의 빈자리가 너무 커 보였다.

　　요즘 아이들은 먹을 것도, 물건도 모자람 없이 넉넉한 환경에서 산다. 그런데 마음은 넉넉하지 못하고 외로운 아이들이 참 많다. 아이를 키우는 데 돈은 무척 중요하다. 하지만 그 중요한 돈을 벌기 위해 더 중요한 것을 놓치고 있진 않은가. 부모들 중엔 돈으로 함께하는 시간을 대신할 수 있다고 착각하는 경우가 의외로 많다. 하지만 시간은 돈으로 살 수 없다. 더욱이 성장하는 아이들의 시간은 지나면 다시 되돌릴 수 없다. 아이들이 원하는 것 역시 아주 비싸고 대단한 것이 아니다. 그저 그날 있었던 이야기를 함께 나누는 것. 아주 잠깐 할리갈리 게임을 함께 하는 것. 주말엔 함께 캐치볼을 던져주는 것. 잠이 들 때면 행복한 내일이 기다리고 있을 것이라는 꿈을 힘께 꾸어 주는 것. 아이들은 그거면 된다. 그러니 지금 당장 나의 아이의 기억 속에 오래도록 남을 추억을 만들어보자.

3. 매일 망하는 아이

상담실에서 만난 혁이는 나에게 "선생님, 제 인생 망했어요."라는 말로 첫인사를 대신했다. 나는 의아했다. 도대체 무슨 일이 있었길래 아직 살아온 인생보다 살아갈 인생이 많은 아이가 자신의 인생을 망했다고 하는 걸까.

혁이는 얼마 후 있을 중간고사 공부를 많이 하지 못해서 점수를 못 받을까 걱정이 되어 한 말이었다. 혁이는 늦잠을 자서, 선생님께 혼이 나서, 목표한 만큼의 공부를 못해서라는 이유로 매일 매일 '망하는 하루'를 살고 있었다. 혁이는 학교에서도 모범생이며 학업 성적도 좋아 상위권 대학을 준비 중이었다. 그러다 보니 학업으로 인한 높은 스트레스와 시험에 대한 불안을 호소했다. 공부가 잘 안 될 때면 자기 자신에게 화가 나 소리를 지른다든지, 책을 집어 던진다든지, 자기 몸을 긁어 상처를 내는 등 폭력적인 모습을 보이기도 했다. 또 "나는 안돼, 끝났어", "내 인생은 망했어.", "난 살 필요가 없어.", "난 죽어야 해."라

보팅 파티

1893-1894, 메리 카사트

며 끊임없이 부정적 사고들을 재생했다.

우리 세대의 어린 시절을 떠올려보면 일이 생각대로 되지 않거나 시험을 잘 보지 못했을 때 "시험을 망쳤어."라고 표현하지, "내 인생 망했어."라는 표현을 쓰진 않았다. 그런데 요즘 아이들은 시험에서 성적이 좋지 못하거나 작은 실수를 해도 "망했어."라는 말을 많이 쓴다. 국어사전에서 정의하는 '망했다'는, '손쓸 수 없이 끝장이 나 복구할 수 없다.'는 의미다. 모든 것이 끝장나 버려 회복할 수 없다는 이 말을, 아이들은 왜 입버릇처럼 쓰고 있는 것일까. 시험 한 번 잘못 본다고, 실수 한 번 한다고 세상이, 인생이 망하지 않는데 말이다. 그만큼 그들에겐 중요한 문제라는 뜻이겠지만 아이들이 쓰는 언어 습관이라고 치부하기에는 너무 무시무시한 말이다.

도대체 아이들의 어깨엔 얼마나 무거운 세상이 얹혀져 있는 것일까. 학교에서 우수한 성적을 받고 상위권 대학을 목표로 공부하고 있는 혁이는 매일이 불안했다. 내가 혁이에게 "너 잘하고 있어. 이 정도 공부했으면 시험도 걱정 없겠는데?"라고 격려와 칭찬을 해 주면 "선생님, 이 좁은 동네에서 잘해 봤자 뭐해요? 강남에 대치 키즈들은 벌써 초등학교 때 제가 공부하는 걸 다 끝냈대요. 제 인생은 망했어요."라고 했다.

최근 학업 성적을 비관해 스스로 자신의 생을 끊는 아이들의 기사를 자주 접한다. 인생을 시계라고 치면 우리 아이들은 아직 동도 트지 않은 새벽 시간인데 무엇이 목숨을 끊어버릴 만큼 힘들고 고통스러웠을까. 공부를 잘하는 아이도, 공부를 못하는 아이도 자신의 미래에 대한 걱정이 있다. 어느 대학을 갈 수 있을까, 어떤 직업을 가져야 할까, 과연 이 험난한 세상에서 나는 잘 살 수 있을까.

7세 고시, 4세 고시라는 말이 난무하는 이 시대의 아이들은 어느 세대보다 자신의 미래를 불안해 하는 것 같다. 사회가 급변하고 불안정하며 혼란스럽고 교육정책 역시 시시때때로 바뀌고 있으니 말이다. 이제 어떤 방향으로 어떻게 공부를 하라고 지도해야 할지 현직에 있는 교사들조차 혼란스럽다고 말한다. 아이들에게 편안한 마음을 갖고 공부하라고 하기에는 버거운 시대다. 예전처럼 개천에서 용 나는 시대가 아닌 것이 분명하기에 아이들은 자신들의 미래가 더 캄캄하고 불안할 것이다.

그래도 나는 아이들에게 이렇게 말해주고 싶다. 살아 보니 공부가 전부는 아니라는 것을. 공부는 내가 원하는 일을 하기 위해 준비하는 수단이지 목적이 아니라는 것을. 오늘 시험을 망쳐도 내일이 있다는 것을. 뭐가 되지 않아도 자신의 미래를 위해 노력하고 있는 자신은 이미 큰일을 하고 있다는 것을. 오늘의 최선은 결과와 상관없이 언제나 최고라는 것을. '너는 세상에서 제일 반짝반짝하다'는 것을 말이다.

4. 학교가 두려운 아이

아버지와 함께 상담실에 찾아온 정호는 얼굴이 보이지 않을 정도로 고개를 푹 숙이고 있었다. 또래보다 작은 체구에 초점 없는 눈동자, 고개를 푹 숙이고 있어도 확연히 알 수 있는 어두운 낯이 많은 대화를 나눠보지 않아도 정호에겐 뭔가 일이 있어 보였다. 정호의 부모님은 착했던 아들이 최근 말도 하지 않고 짜증만 내며 까칠하게 구는 것을 걱정하고 있었다.

정호는 학교 폭력의 피해자였다. 학기 초부터 신체 폭력, 언어 폭력을 수없이 당했다. 상대방에게 거부 의사를 밝혔지만, 자신을 지킬 수 없었다. 선생님과 부모님에게도 알렸지만, 그때뿐이지 학교 폭력은 좀처럼 줄어들지 않았다. 가해자는 매일 같이 정호의 어깨와 팔, 허벅지 등을 주먹으로 쳐서 정호의 팔과 허벅지에는 온통 색이 다른 멍이 들어 있었다. 또 가해학생은 아무렇지 않게 정호와 정호의 가족들을 향해 욕설을 뱉었는데, 그러면서도 늘 장난이었다고 말했다. 서로가 장난으로 느껴야 그것이 장난이 되는 것인데도 말이다.

참다 못한 정호가 학교 폭력으로 신고를 했지만, 신체적 피해 정도가 심각한 정도는 아니라는 진단을 받았다. 폭행을 당할 때 정호가 화를 내고 욕설을 했으니 일방적으로 당하기만 한 피해라고 볼 수는 없다는 것이다. 그

일 이후로 가해자의 괴롭힘은 더 심해졌다. 설상가상으로 이제는 다른 아이들까지 지나가는 정호에게 욕을 하고 괴롭히기 시작했다. 정호는 억울했고 답답했지만 그런 정호의 말을 들어주는 어른은 단 한 사람도 없었다. 정호는 가해자도 미웠지만 자신에게 좀 더 참으라고 하는 부모님도, 자신이 호소하는 어려움을 심각하게 생각하지 않고 적극적인 도움을 주지 않으며 가해자에게 높은 수위의 처벌을 주지 않는 학교에도 화가 났다. 자신을 도와줄 수 있는 어른이 아무도 없다고 생각한 정호는 이제 모든 것을 포기한 듯 무기력한 상태에 놓이게 됐다. 나는 아무도 정호의 말에 귀 기울여주지 않았다는 대목에서 가슴이 아팠다. 어른의 한 사람으로서 미안했다.

학교가 두려운 아이들의 이야기는 어제, 오늘 일은 아니다. 우리 어른 세대들이 학교에 다니던 학창 시절뿐만 아니라 그보다 훨씬 이전부터 치고받는 신체적 폭력부터 왕따, 갈취, 협박 등 다양한 학교 폭력은 있었다. 그런데 요즘은 거기에 더해 괴롭힘의 정도가 교묘하고 지능적이어진 데다가 사이버상의 폭력들도 상당히 많아졌다. 그

양산을 든 여자 [모네 부인과 그녀의 아들]
1875, 클로드 모네

폭력의 정도가 어른들의 범죄를 연상시킬 정도로 심각해지고 있다. 그런 이유에서인지 최근 몇 년 사이 학교 폭력이 각종 드라마나 영화의 소재가 되기도 하고, 학교 폭력 이후 피해자의 삶이 재조명 되며, 몇 년 전부터 우리 사회는 학교 폭력에 대해 매우 엄격한 잣대를 대고 있다. 우리에게 잘 알려진 연예인들이 학창 시절에 저질렀던 학교 폭력이 밝혀지면서 대중들로부터 사라지기도 한다. 학교생활기록부에 학교 폭력 조치사항이 기록되면서 취업이나 상급학교에 진학이 어렵게 되는 사례들도 나오고 있다. 물론 학교 차원에서도 이런 불상사를 줄이기 위해 예방 교육 등 다양한 노력을 하고 있다. 하지만, 그럼에도 불구하고 학교 폭력 은 줄지 않고 오히려 늘어가고 있는 상황이다.

　　학교 폭력을 당했지만, 부모가 걱정할까봐 이야기하지 않거나, 정호처럼 더는 도움을 받을 수 없다고 생각해 부모님이나 선생님에게 마음을 닫는 사례는 생각보다 많다. 특히나 사춘기의 아이들이라면 더욱더 사실을 알리지 않고 자신이 이 일을 해결할 수 있을 것이라고 생각한다. 때문에 사춘기 아이를 둔 부모는 어느 시기보다 아이들의 변화를 민감하게 볼 필요가 있다. 평소보다 얼굴이 어둡다거나, 유난히 짜증이나 화를 많이 낸다거나, 몸에 알지 못하는 상처가 지속적으로 발견된다거나, 또 필요 이상의 많은 용돈을 요구하거나, 핸드폰을 시도 때도 없이 살펴보며 불안해 한다면 무슨 일이 있는지 반드시 살펴야 한다. 학교 폭력은 사건이 벌어진 이후에 하는 조치보다, 과도할 정도의 예방이 차라리 낫다.

학교 폭력은 행복해야 할 학교생활에 씻을 수 없는 상처만 남기는 것에서 더 나아가 먼 훗날 성인이 되어서까지 영향을 미치며 한 사람의 인생을 송두리째 무너뜨린다. 시간이 흐르면 아픔도 잊혀진다고 하지만 가해자는 잊어도 피해자는 잊을 수 없는 것이 바로 학교 폭력이다. 정호 역시 학교 폭력의 피해에서 벗어나는 일이 쉽지 않을 것이다. 앞으로도 얼마나 더 오랜 시간이 지나야 제대로 된 학교생활을 할 수 있을지, 얼마나 더 아픔을 겪어야 아무 일 없었던 듯 친구들과 즐겁게 웃으며 뛰어놀 수 있을지 모른다. 정호에게도 하루 빨리 따뜻한 봄날이 찾아오기를 기다린다.

5. 판도라의 상자 속 아이

얼마 전 중학교에 입학한 지현이 어머니가 상담을 요청해 왔다.

"선생님, 큰일 났어요. 아이의 핸드폰을 몰래 열어봤는데 상상할 수 없는 온갖 욕설이 도배되어 있어요. 지현이가 제가 알던 제 딸이 아닌 것 같아요."

지현이 어머니는 아직까지 아이라고 생각했던 순진하고 순수하던 아이의 모습과는 너무나 거리가 멀어진 딸의 모습에 경악했다. 이 일을 어떻게 받아들여야 할지, 또 핸드폰을 몰래 보았다는 사실에 대해서는 어떻게 말해야 할지 상황이 마냥 혼란스럽고 두려웠다.

핸드폰 문제는, 지현이처럼 중학교에 입학한지 얼마 되지 않은 아이뿐만 아니라 거의 대부분의 부모들이 흔하게 요청하는 상담 주제 중 하나이다. 초등학교를 다닐 때는 SNS도 막아놓고 핸드폰에 키즈 계정도 걸어두는 등 매일 밤 핸드폰 검사를 하던 부모도 아이가 중학교에 입학하게 되면 알아서 잘하겠거니, 혹은 아이가 원치 않는다는 이유로 모든 것에서 잠금 해제를 시켜버린다. 그러다 어느 날 문득 아이가 잠든 늦은 밤 아이의 핸드폰을 몰래 열어봤다가 부모가 알지 못했던 아이의 모습을 발견하게 되면 사태가 심각해진다. 두근거리는 심장을 부여잡으며 뜬눈으로 밤을 샜다는 부모들을 나는 많이 만났다.

그렇게 열린 판도라 상자 속 아이들은 이 세상에서 제일 맛깔나게 욕을 하는 아이이며, 아무 거리낌 없이 친구를 험담하는 아이이고, 자기 주변과 세상을 비난하는 부정적인 아이였다. 또 SNS 상에서 불특정 다수와 관계를 맺으며 다툼을 벌이기도 하고 자신도 모르는 사이에 범죄에 휘말리기도 한다.

상담 받는 아이들이 친구들과 나눈 대화창을 보여줄 때가 있다. 듣도 보도 못한 욕설과 신조어가 나무한 대화 내용을 보다가 "너희들은 이 말이 다 이해가 되니?"

라고 물어본 적도 있었다. 간혹 이건 문제가 될 수 있으니 조심해야 한다고 이야기한 적도 있다.

요즘은 초등학교 고학년만 되어도 담임선생님의 공지는 단체 대화방에서, 또래 친구들과의 교류는 SNS에서 나눈다. 그러다보니 부모는 핸드폰 사용에 제한을 걸어두면 혹시나 뒤처지는 아이가 될까봐 이내 허용하고 만다. 나의 경우도 큰아이와 핸드폰 사용 문제로 여러 차례 실랑이를 벌인 적이 있다. 물론 '손안에 들어오는 작은 세상'이라는 어느 광고의 카피 문구처럼 작은 기계가 우리의 삶을 편리하게 해 준 것은 사실이다. 하지만 SNS, 쇼츠, 동영상, 아이들의 연령과 관계없는 선정적이고 폭력적이며 파괴적인 내용들까지 아이들의 핸드폰은 정말 판도라의 상자와 다름이 없다. 최근에는 AI를 이용해 합성 사진을 만든다던지 핸드폰을 이용해 도박을 하는 등 성인 범죄 뺨치는 일들도 심심치않게 일어나고 있다.

최근 나타나는 학교 폭력 사건들도 대부분 이 핸드폰에서 시작된다. 예전엔 직접 대놓고 왕따를 했다면 요즘은 핸드폰 단톡방으로 초대해 욕설을 해놓고, 나가기를 하면 계속 초대하기를 해서 괴롭힌다. 단체 채팅방에서 싫어하는 친구의 뒷담화를 하기도 하고, 친구의 굴욕 사진을 올려놓고 조롱하기도 한다. 또 불특정 다수가 볼 수 있는 SNS에 특정 학생을 겨냥한 메시지를 올려놓거나 사진을 게시하며 소위 말하는 '박제', '디지털 낙인'을 시키기도 한다. 이런 행동이 더 무서운 것은, 얼굴이 보이지 않는다는 이유로 더 과감해지고 용감해진다는 사실이다. 자신의 잘못을 인지하고 있음에도 불구, 핸드폰 안에 숨어 있기에 가능한 일이다.

요즘 아이들에게 핸드폰 없는 생활은 상상도 못할 일이다. 아마 한 시간도 못가 난리가 날 것이다. 아이들에게 핸드폰 안의 생활은 자체로 그들의 문화이고, 친구이고, 삶이라는 것을 부정하지 않겠다 다만 이 작고 편리한 기계를 현명하게 사용하는 것은 필요하다. 부모가 관리하고 체크해야 한다. 아이들은 아직 미성숙하기 때문에 자신도 모르고 저지른 실수에도, 혹은 의도치 않았지만 분위기에 휩쓸려 동조한 것에도 혹독한 대가를 치러야 할 수 있다. 이러한 문제들을 법적으로 책임져야 하는 경우가 생길 수도 있기 때문이다.

　　　　나는 큰아이가 중학교에 입학한 이후 주도적으로 생활할 수 있도록 자신의 생활 전반적인 것을 계획하고 선택, 결정할 수 있게 했다. 아이의 결정을 존중했다. 하지만 핸드폰만은 양보하지 않았다. 핸드폰을 볼 수 있도록 비밀번호를 공유해 달라고 했고, 매일매일 핸드폰을 검사하는 것이 아니라 아주 가끔 열어보겠다고 했다. 처음에 아이는 사생활 침해 운운하며 격렬히 반항했다. 하지만 '너는 아직 부모의 보호를 받아야 할 미성년자이고, 보호자인 나는 미성숙한 너의 행동으로 인해 생길 수 있는 문제에 대해 미리 방지하고 싶다.'고 나는 이야기했다. 우린 많은 대화를 나누었고 마침내 서로가 원하는 합의점에 이르렀다. 아이도 나를 의식해서인지 엄마가 언제든 핸드폰을 볼 수 있다고 생각에 조심하고 있어 보였다. 나도 간혹 문제의 소지가 될 수 있는 것들에 대해서는 조심할 수 있도록 조언했고, 나아가 아들의 친구들에게도 전달할 수 있도록 했다.

상담을 하다보면 간혹 아이의 핸드폰 사용을 어떻게 통제할 것인가에 대해 물어오는 부모들이 있다. 물론 어떤 것이 정답이라고 말하기는 어렵다. 하지만 분명한 것은 아직 아이들은 미성숙하다는 것이다. 자신이 하고 있는 행동이 어떤 결과를 가져올지, 누군가에게 피해를 끼치고 있는지, 어떤 책임을 져야 하는지 알지 못하는 경우가 많다. 그러니 부모는 아이가 자신의 행동에 책임을 질 수 있는 나이가 될 때까지 무분별한 판도라 상자에서 아이를 보호할 필요가 있다.

6. 엄마 때문에 힘든 아이

상담실에 찾아왔던 영서도 학교 폭력의 피해자였다. 영서는 검은 모자를 푹 눌러쓰고 마스크로 얼굴을 꼼꼼 가린 채 엄마와 함께 상담실 의자에 나란히 앉았다. 영서는 함께 노는 무리에서 친구 한 명과 싸우게 되자 무리의 아이들과 함께 지내기가 어려워졌다고 했다. 아이들은 자신을 은근히 따돌렸으며 자신이 없는 단톡방에서 자신을 욕하기도 하고, 다른 반 아이들에게까지 나쁜 소문을 내서 자신을 모르는 아이들도 자신을 보면 수군거리는 것 같아 복도를 지나다니기도 어렵고, 학교에 가는 것도, 심지어 밖에 나가 돌아다니는 것도 힘들어졌다고 했다. 친구와의 작은 다툼이 영서의 학교생활을 엉망으로 만들어 버린것이다.

영서는 나에게 자신이 겪었던 일을 차분히 설명했다. 이야기를 하는 도중 눈물을 흘리기도 했다. 그러다가 자신이 억울했던 부분이 생각이 나자 갑자기 주먹으로 책상을 내리치더니 호흡이 불안해지기 시작했다. 나는 영서에게 하던 이야기를 멈추게 하고 심호흡을 시키며 안정을 되찾게 시도했다. 그러던 찰나 상담실에 동석하기를 원해 한쪽에 앉았던 영서의 엄마가 끼어들었다.

"제가 말씀드렸죠? 이거 봐! 어떻게, 어떻게요!"

그녀는 소리를 치며 흥분했고, 울먹였다. 안정을 찾으려던 영서는 엄마의 행동을 보더니 호흡이 점점 더 불안해지기 시작했다. 영서 엄마의 호들갑이, 아프지 않던 아이도 아프게 만들어버리는 것만 같았다. 나는 영서 엄마에게 아이는 괜찮으니 밖에 나가 기다려 달라고 요청했다.

　　나중에 전해들으니, 영서 엄마의 과도한 대처로 영서는 학교에서 더 난처한 상황이 됐다. 학교 선생님들도 혀를 내두를 정도가 되어 친구들과 화해할 수 있는 기회마저 놓쳤다는 얘기였다. 사실 영서처럼 다른 외부 요인이 아닌 자신과 가장 밀접한 보호자 때문에 힘들어지는 경우가 있다. 문제가 발생했을 때 아이의 마음이 안정되도록 가장 최전방에서 아이를 안정시키고 격려해 주어야 할 보호자가 아이의 마음을 더 어렵게 하는 것이다. 그리고 그보다 더 어려운 문제는 정작 보호자는 자신이 아이의 마음을 더 혼란스럽고 힘들게 한다는 사실을 알지 못한다는 것이다.

　　상담실에서 아이들과 부모들을 만나다 보면 부모가 저렇게 하지 않았다면 아이가 더 건강하게 자랄 수 있을 텐데, 하는 안타까운 케이스가 한둘이 아니다. 때론 부모에게 "이런 점은 아이를 위해 좋은 방법이 아니예요."

라고 전달하기는 하나, 부모들은 아이의 잘못된 행동보다 본인의 잘못된 양육방식이 더 문제라는 사실에 대해 인정하려고 하지 않았다.

　　아이들은 자신의 문제에 대해 부모가 세상이 다 끝난 것처럼 울고불며 호들갑스럽게 행동을 하면 정말 자신의 일이 그 정도로 심각한 일인가보다 생각한다. 그래서 그들은 절망하며 좌절하고 끝도 없는 낭떠러지로 떨어지고 만다. 물론 아이를 사랑하는 마음이 너무 크다 보니 아이가 밖에서 부당한 대우를 받거나 억울한 일을 당하면 자신이 당하는 것보다 더 화가 나고 속이 상하는 것이 당연한 일이다. 하지만 냉정해야 할 일을 감정대로 처리하면 더한 불행을 만든다. 아이에게 더 큰 피해가 될 수도 있으며, 일이 다 해결되고 제자리로 돌아가려고 했을 때 아이가 설 자리가 없어질 수도 있다.

　　아이를 사랑할수록 한 걸음 뒤로 물러나 아이가 이 문제를 잘 견뎌내고 해결할 수 있도록 기다려 주는 일, 그것이 부모가 아이에게 해줄 수 있는 최선이다. 문제를 해결하는 방법은 부모의 큰 목소리가 아니다. 세상 무너진 것 같은 눈물도 아니다. 냉정하고 담대하게 문제를 바라볼 마음의 결의와 노력이다. 그것이 아이가 문제를 잘 해결할 수 있도록 아이를 지지해주고 응원해줄, 부모가 가질 수 있는 최고의 자세다.

행복한 학교생활 하기

몇 년 전 만났던 중학교 2학년 여학생에게 요즘 고민이 무엇인지 물어본 적이 있다. 아이는 친구들과의 관계라고 대답했다. 사실 조금 의외였다. 중학생이라면 학업이나 미래, 직업에 대한 고민을 이야기할 것이라고 생각했는데 '관계'라고 답했으니 말이다.

아이는 함께 지내는 무리에서 어느 한쪽 편을 들면 상처받는 친구가 생길까봐 염려되어 양쪽을 다 배려하려고 노력하는데 이쪽저쪽을 왔다 갔다 하다 보면 자신만 중간에서 이상한 사람이 되고, 그러는 사이 자신의 의지가 아닌데 양쪽으로 끌려다니는 것 같아 스트레스를 받는다고 했다. 한창 친구들과 아무 생각 없이 어울려 다니며 굴러다니는 낙엽만 봐도 까르르 웃어야 할 아이의 대답이 사뭇 심각해 나도 덩달아 걱정이 되었다.

학교생활에서 친구 관계는 매우 중요하다. 아이들은 이 문제로 우울, 불안 등 심리적 문제를 겪기도 하고, 등교를 거부하기도 한다. 더 나아가 장난으로 한 말이나 행동 때문에 학교 폭력 사건에 휘말리기도 한다. 아이들에게 관계란, 행복한 학교생활을 좌지우지 한다고 해도 과언이 아닐 정도의 중요한 과제다.

고민을 말했던 중학교 여학생처럼 상대방을 너무 배려해 스트레스를 받는 경우가 있는가 하면 반대의 경우도 있다. 너무 허용적인 가정에서 타인을 배려하는 법을 배우지 못하고, 받기만 하며 자란 아이가 친구들과의 관계에서도 받으려고만 하다가 관계가 어려워진 경우다. 대화 능력이 부족해 상대방의 말에 경청하고 공감하지 못하거나, 언어 습관 자체가 소위 말하는 '까대며' 이야기하는 경우 역시 타인과의 관계를 맺거나 유지하기 어렵다.

타인을 너무 많이 의식하며 상대방의 기분은 맞춰줄 수 있을지언정 자신의 감정이나 요구는 뒤로 밀려나고, 끌려다니는 것같은 느낌이 들 때 즘엔 이미 돌이키기 힘든 상황에 놓인 후다. 배려받아온 상대방이 자신을 만만하게 생각하거나 필요 이상으로 편하게 생각하면서 배려하지 않는 말과 행동으로 상처를 준 후라서다. 켜켜이 쌓인 감정과 상처들로 결국 관계 유지는 어려워지고 만다. 타인에 대한 배려가 부족하고 받는 것에만 익숙한 경우나, 대화의 능력이 부족하거나 언어 습관이 좋지 못한 경우 역시 좋은 관계를 맺는 데 어렵기는 마찬가지다.

요즘 발생하는 학교 폭력 사건의 많은 부분은 바로 이 올바르지 못한 '관계'에서 비롯된다. 자녀가 어떻게 친구 관계를 맺고 유지하는지, 혹시 관계에 있어 어려움을 갖고 있지는 않은지, 누군가에게 상처를 주고 있지는 않은지 세심하게 관심을 기울여야 한다. 아이들이 학교생활을 하면서 배운 올바른 관계 정립은 성장해 성인이 되어서도 많은 영향을 미치기 때문이다.

아이를 임신했을 때 엄마의 심리적 불안감이나 두려움이
아이에게 전달된다는 것은 익히 알려진 사실이다.
그래서 엄마의 심리적 안정을 위해 태교에 힘을 쓰며
좋은 것을 먹고, 좋은 것을 보며
가능한 스트레스를 받지 않으려고 노력한다.
그런데 그런 노력은 임신 때까지다.
아이를 낳은 후에는 어떠한가.

실제로 아이들의 문제 행동으로
상담실을 찾아오는 엄마 중 상당수는
우울증을 가지고 있는 경우가 많다.
아이의 문제 행동을 상담하러 상담실에 왔다가
자신의 감정을 추스르지 못해
한동안 눈물을 쏟다가 돌아가는 엄마들이 한두 명이 아니다.

바흐 하프시코드 콘체르토 라르고

느리고 잔잔하며 고요한 분위기의 곡으로 바흐의 유명한 여러 곡들 중
다양한 악기로 편곡되어 연주되는 곡이다. 부모가 뭔가를 더 많이 알아서
아이들을 키운다고 생각하지만 때론 아이들로부터 배우는것이 더 많다.
조용히 마음을 내려놓고, 마음 깊은 곳을 들여다보는 시간에 듣기 좋다.

까칠한 아이와 함께 성장하는 부모

1. 아름다운 언어 유산

우리는 누구나 나의 배우자가 멜로드라마 주인공처럼 친절하고 다정하며 좋은 언어를 사용하는, 그런 따뜻한 사람이길 원한다. 주변 사람들과 가족에게 사랑을 표현하고 그 사랑을 나눌 줄 알며, 자신의 배우자를 존중하고 다른 사람의 마음을 잘 헤아릴 줄 아는 사람과 함께 살아가길 원한다. 나아가 나의 자녀도 성장해 그런 배우자와 아름다운 가정을 꾸리길 바란다. 그렇다면 지금 내 옆에 있는 나의 배우자는 그런 사람인가? 반대로 나는 내가 배우자에게서 바라는, 그런 좋은 언어를 가진 사람인가?

나의 아버지는 가족에게 매우 헌신적이고 책임감이 강한 사람이었다. 마음이 매우 따뜻하고 가족을 끔찍이 사랑했다. 하지만 모두에게 친절한 사람도, 내 순간 친절한 사람도 아니었다. 그 시절 대부분의 아버지들이 그랬던 것처럼 나의 아버지 역시 매우 권위적이고 가부장적이었으며 때론 무서운 사람이었다. 우리 집에선 종종 아빠 엄마의 싸움 소리가 나기도 했고, 아빠의 심기가 불편한 날엔 숨쉬기조차 힘든 냉랭한 분위기 속에서 가족 모두가 서로 눈치를 보기도 했다.

　　　그런 환경에서 자란 나 역시 사실 좋은 언어를 가진 사람은 아니다. 살면서 계속 누군가를 가르치는 일을 했었기에 사람들이 흔히 말하는 '선생질'을 하려는 언어적 습관이 있었다. 노래를 전공해서 그런지 목소리 톤도 높고 날카로워 화가 난 사람처럼 비쳐질 때도 있다. 또 기질적으로 까다로운 사람이라 낯선 환경에서 불안과 두려움이 높다. 때론 잔뜩 경직된 채 있는 나를 누군가 건드리면 '선방'을 날릴 기본 자세를 취하고 있다 보니 말에 날이 서 있는 경우도 꽤 많았다. 큰아이가 가끔 나에게 "엄마는 왜 그렇게 급발진을 잘해?"라고 하거나 "엄마, 더 친절하게 얘기할 순 없어?"라고 할 정도다. 정말 화가 나서 화를 내는 경우도 있지만 화를 내며 이야기한다고 생각하지 않았을 때도 내 말투나 톤이 아이에게 그렇게 비춰졌던 경우도 있었던 것 같았다. 아이들에게 좋은 언어를 물려주기 위해 나름 노력한다고 하지만 아이들 눈엔 아직 내가 그리 좋은 언어를 사용하는 사람은 아닌 것 같았다.

유모와 아이
1877-1878, 에바 곤잘레스

남편 역시 크게 다르진 않았다. 남편은 나의 아빠처럼 권위적이고 가부장적이며 지시적인 말투를 가진 사람이다. 업무적으로도 추진력 있게 리더의 역할을 해야 하는 자리에 있어 그런지 흔히 말하는 츤데레 스타일이지, 다정다감하거나 상대를 배려하는, 사근사근한 언어를 사용하는 사람은 아니다. 특히 가족한테는 더 그랬다.

그런데 문제는 우리의 이런 언어 습관이 우리 부부 사이에서만 끝나는 것이 아니라는 것이다. 가끔 두 아이의 대화를 가만히 듣고 있다 보면 서로에게 삐죽삐죽 가시 돋치고 날 선 말투로 나누는 것이, '쟤들이 곧 전쟁터에 나가려고 준비하나?'라는 생각이 들 때가 있다. 어떨 땐 '저거 내 말투인데!' 아니면 '자기 아빠랑 어쩜 저렇게 똑같이 말하지?' 하고 흠칫 놀랄 때가 있다. 자식은 부모의 거울이라는 말이 왜 있는지 절로 느껴지는 순간들이다.

얼마 전 나는 이 언어와 관련해 인상적인 경험을 했다. 아는 분께 일과 관련해 제안을 한 적이 있는데 당연히 수락할 것을 기대하고 건낸 제안이었다(사실 나보다 상대방 쪽에 조금 더 좋은 제안이었다). 그분은 내 제안에 "어머 선생님, 정말 좋은 제안 감사합니다. 너무 영광입니다. 그런데 현재 여러 여건상 함께 하기가 너무 어렵습니다. 너무 아쉬워요."라고 답했다. 물론 너무 밝은 얼굴로 말이다. 분명 거절을 당했지만, 그분의 말투와 표정에서 나는 전혀 나쁜 기분을 느끼지 않았다. 오히려 그날의 거절로 인해 나는 '내가 조금 손해를 보더라도 이분과 앞으로 계속 함께 일하고 싶다.'는 생각을 했다.

아름다운 언어를 가진 사람이 있다. 어쩜 말을 그렇게 예쁘게 하는지, 거절을 당해도 기분이 나쁘지 않고 잠시만 이야기를 나눠도 마음 깊이 치유가 되는 사람 말이다. 반면 아주 정중한 거절이었는데 불구하고 어딘지 모르게 불편한 기분이 드는 경우도 있다. 언짢은 걸 표현하려면 내가 속좁은 사람이 될 것 같고, 말을 안 하자니 화장실을 갔다가 잘 닦지 않고 나온 것 같은 찜찜한 기분이 드는 경우 말이다.

언어는 습관이다. 아름다운 언어를 가진 사람들

은 상대방을 배려하는 언어 사용을 위해 노력도 하지만, 대다수는 자연스럽게 흘러나오는 경우가 많다. 어린 시절 부모로부터 듣고 보며 학습한 언어들이 자연스럽게 몸 구석구석 깊이 흡수되어 있다가 발현된 결과다. 의식 못한 순간에조차 구석구석 스며있던 언어들이, 성장하면서 더 다듬어지고 단단해져 상대방을 배려하고 기분을 좋게 하는 언어로 사용되는 것이다.

내가 대학을 다니던 시절 말을 참 예쁘게 하던 동기가 한 명 있었다. 비결은 그 동기의 가정에 있었다. 그녀 부모님의 언어가 그러했다. 사랑과 존중의 언어를 사용하는 부모님 밑에서 자란 자녀로서 그녀 역시 아름다운 언어를 사용했던 거다. 동기는 누구에게나 존중하고 배려하는 말투를 사용했었다. 당시엔 우리 가정에서 보지 못했던 낯선 모습이라 무척 신기하고 신선했던 기억으로 남았다. 시간이 흐르고, 나도 가정을 꾸리고 아이를 키우며 살면서 실감했다. 가정에서 부모의 언어 사용이 갖는 중대함을. 지금도 가끔 나는 그 동기를 생각한다.

부모에게 물려받은 좋은 언어는 그렇듯 보석 같은 유산이 된다. 아니 세대를 건너 전해지고, 또 전해지며 주변 사람들에게 선한 영향력을 끼치게 된다. 기질적으로 까칠한 아이, 성장하면서 까칠한 아이, 이런 아이들은 성장 후 대부분 까칠한 부분이 무뎌지고 부서져 다듬어지기 마련이다. 좋은 언어를 가진 부모 밑에서 자란 아이들이라면 더 잘 다듬어져 정서적으로 안정적이고 타인을 배려할 줄 알며 마음이 여유로운 사람으로 성장한다. 하지만 욕을 하거나 시도 때도 없이 소리치며 욱하는 등, 좋지 못한 언어를 사용하는 부모 밑에서 자란 아이는 자신도 모르는 사이 그 언어들을 뼛속 깊이 받아들인다. 그래서 타인과 어우러져 함께 살 수 없을 정도로 정말 까칠한 어른으로 성장할 수 있다.

부모가 아름다운 언어의 유산을 남기는 것은 많은 물질적 유산을 남기는 일보다 훨씬 더 어려운 일인 것 같다. 물론 좋은 언어 유산을 받았다면 더 바랄 것이 없겠지만 그렇지 못했다고 낙담할 필요는 없다. 나부터 노력을 하면 된다. 단, 자녀에게 아름다운 언어의 유산을 남기기 위해서는 반드시 많은 노력이 필요하다. 타인을 배려할 줄 알고 타인의 마음을 공감할 줄 알며, 비난하지 않고 비아냥대지 않는 그런 언어는 노력과 연습이 필요하다. 내가 아이들에게 남겨줄 금전적 유산은 사용하면 사용할수록 사라지지만, 아름다운 언어의 유산은 사용하면 사용할수록 나의 후손들에게까지 대대손손 전해질 수 있다. 나의 언어를 닮아가는 나의 후손을 위해 아름다운 언어를 사용해보는 것은 어떨까.

2. 표현하지 않으면 사랑이 아니다

하루는 첫째 아이가 이런 말을 했다. 아빠와 엄마는 자신을 사랑하는지 잘 모르겠다고. 집안에서 가장 먼저 태어난 아이였기 때문에 모든 식구들로부터 정신적·물질적인 지원과 애정을 아낌없이 받았고, 나와 남편 역시 물심양면한 사랑을 주었다고 생각했던 터라 이 밑도 끝도 없는 아이의 말이 도무지 이해 되지 않았다. 사실 그 말을 듣고 나는 충격을 받았다.

나의 어떤 행동이 아이를 외롭게 만들었을까. 둘째 아이가 워낙 까다로운 아이여서, 상대적으로 순했던 첫째 아이에게 신경을 많이 써주지 못했던 것에 대한 호소였을까. 아니면 당연히 알겠거니 나의 마음을 표현하지 않았던 것이 문제였을까. 가만히 생각해 보니 아이를 외롭게 했을 만한 이유가 제법 많이 떠올랐다.

첫째 아이가 다섯 살이 되었을 때 까다롭고 예민한 둘째 아이가 태어났다. 둘째 아이가 워낙 까다롭고 예민하다 보니 나는 무엇이든 혼자 스스로 잘하던 첫째 아이보다 둘째 아이에게 더 집중했다. 첫째도 다섯 살밖에 되지 않은 나이였지만 나는 첫째 아이보다 훨씬 작고 신경이 많이 쓰이는 둘째 때문에 첫째 아이를 다 큰 '형아'라고 생각했다. 큰아이를 재워야 하는 시간이 둘째 아이 수유 시간과 겹쳐 내가 재워줄 수 없으면 큰아이는 둘째 아이를 안고 있는 내 발이라도 잡고 자겠다고 했다.

그러고보니 둘째 아이한테는 혹여 아침 등교 시간에 기분이 틀어질세라 늘 사랑 넘치는 말투로 살을 맞대 안아주고, 오늘 하루 잘 보내라며 사랑한다는 이야기만 수차례 하면서 배웅했다. 이제 나보다 키가 훨씬 더 커버린 첫째 아이에게는 잘 다녀오라며 어깨를 두드리는 정도가 다였다. 사실 다 큰 아들에겐 호들갑스럽게 인사하는 것보다 그게 더 멋진 방법이라고 생각했고 아이도 그것을 원한다고 생각했다. 아이가 시험에 100점을 받아와도 혹여 부담이 될까 덤덤하게 잘했다는 말만 해줬다. 그런데 그것 역시 엄마가 자신에게 무관심하다고 받아들였을 것 같다는 생각에 미쳤다. 표현만 달리 했을 뿐, 당연히 차이가 없다고 믿었는데 그건 나만의 생각이었던 거다.

나는 아이에게 아빠와 엄마가 얼마나 많이 사랑하는지 말해줬다. 그리고 이후부터 아침 등교 때에 아이를 꼭 안아줬다. 사랑한다는 인사도 잊지 않는다. 처음에는 쑥스러운 듯 엉덩이를 쭉 빼고 내 포옹에서 재빨리 벗어나려고 했던 아이가 곧 적응했다. 그리고 아이는 나의 이런 모습을 어색해 하면서도 싫지 않은 듯 엘리베이터 문이 닫힐 때까지 손을 흔들었다. 키는 나보다 더 크지만, 아직도 부모의 사랑과 관심이 필요한 아이였다.

파란 안락의자에 앉은 작은 소녀
1878, 메리 카샤트

자기 자식을 사랑하지 않는 부모가 어디 있으며 그 사랑의 크기를 누가 감히 논할 수 있을까. 하지만 표현하지 않는 사랑은 사랑이 아니다. 내가 백 번, 천 번 사랑하는 마음이 있다고 해도 입 밖으로 꺼내 놓지 않으면 아무리 부모와 자식 사이라도 상대방은 알 수가 없다.

아이들은 키가 크고 몸집이 커져도 집 밖 세상에 나서는 것이 두렵다. 특히나 요즘처럼 경쟁 과열 시대에 등떠밀린 아이들은 더 그렇다. 오늘 시험을 망치면 어떻게 하지. 나는 미래에 무엇을 하면서 살아가야 하지. 내 인생은 어떻게 되는 거지. 이런 두렵고 무서운 세상에서 아이들이 견뎌낼 힘은 부모의 사랑과 관심에서 나온다. 세상 모든 사람이 나에게 등을 돌려도, 내가 무슨 잘못을 해도 엄마 아빠는 나를 변함없이 사랑해주고 지지해주며 그 자리에서 묵묵히 나를 지켜봐 줄 것이라는 믿음 말이다. 그것이 바로 우리 아이들이 사춘기를 겪어도 돌아 돌아 내 품으로 다시 돌아올 수 있게 되는 에너지다. 험난하고 힘든 세상을 살아갈 수 있는 힘이다. 오늘도 너에게 이야기한다.

사랑한다. 사랑한다. 너를 사랑한다.

3. 부모의 갈등 속에서 자란 아이들이 위험하다 -
등나무와 칡덩굴

나는 제주도를 참 좋아한다. 매일매일 바쁘게 돌아가는 도시와 다르게 평화로운 분위기, 마음이 탁 트이는 바다, 언제든 가까이서 느낄 수 있는 자연까지. 갈 때마다 곳곳의 상점은 바뀌어도 제주도의 푸른 바다와 자연은 그 자리에서 변함없이 우리를 맞아준다. 제주도 한경면에 가면 곳자왈 공원이라는 곳이 있다. 화산이 분출하며 생긴 크고 작은 바윗덩어리와 나무, 덩굴식물 등이 뒤섞여 사계절의 다양한 식물이 꽃을 피우고 열매를 맺는 독특한 생태계가 유지되는 원시림을 이룬 곳이다. 더운 여름에도 곳자왈에 들어서면 몇십 년, 아니 몇백 년을 버텨온 크고 웅장한 나무가 무더위의 땅을 식혀주고, 푸르른 식물들은 상쾌한 자연의 공기를 전해준다.

그곳에 갈 때마다 시간이 맞지 않아 못 들었던 숲

해설사의 해설을, 둘째가 다섯 살쯤 되던 해 운 좋게 들을 수 있었다. 그때 나는 숲 해설사가 곶자왈 안쪽에 있는 등나무와 칡덩굴 앞에서 그 등나무와 칡덩굴의 독특한 성장 방식을 설명해 주었던 내용을 인상깊게 들었다. 등나무와 칡덩굴은 공통적으로 다른 나무를 감고 올라가는 나무들이다. 그런데 칡덩굴은 오른쪽으로 감아올라 가고 등나무는 왼쪽으로 감아올라 가는 특성을 가졌다. 이 때문에 서로를 감고 올라가다 보면 두 나무 모두 서로를 압박하다가 결국엔 둘 다 죽게 된다.

칡덩굴葛과 등나무藤의 얽혀있는 모습처럼, 서로 뒤얽혀 화합하지 못할 때 사용하는 갈등葛藤이란 단어의 어원이 여기에서 비롯되었다고 했다. 문제는 서로 얽혀 있는 이 두 나무만 죽는 것이 아니라 두 나무가 감고 있던 다른 나무들까지도 점점 조여지는 고통을 느끼며 서서히 죽어간다는 것이다. 갈등이, 서로에게만 상처를 남기는 것으로 끝나는 것이 아니라 주변에 있는 것들에도 상처를 준다는 얘기가 의미있게 다가왔다. 나무들의 생애가 어쩌면 우리의 삶과도 너무 닮지 않았나, 하는 생각이 들었다.

물뿌리개를 든 소녀
1876, 피에르 오귀스트 르누아르

나는 이야기를 들으며 옆에 있던 남편을 바라봤
다. 둘째 아이의 까다롭고 예민함이 절정에 달하였을 때라
두 아이를 독박 육아하던 나의 육아 스트레스도 극에 달해
있을 때였다. 그러다보니 자연스럽게 육아와 가정에 소홀
한 남편과 다투는 일이 많았다. 또 우리 부부는 둘 다 아름
다운 언어를 사용하는 사람들이 아니었다. 그래서 서로의
어려움을 이해하기보다 '너만 힘드냐? 나는 더 힘들다.'라
는 마음으로 서로에게 상처를 주고 상처를 받는 일이 비일
비재했던 나날을 보내던 중이었다.

나는, 죽기까지 서로를 조이는 등나무와 칡덩굴에
게서, 양보 않고 강 대 강으로 싸우는 우리의 모습을 봤다.

**'우리도 누구 하나가 죽어야 끝나는 싸움일까? 그
렇다면 우리 곁의 이 아이들은 어떻게 하나……'**

등나무와 칡덩굴의 치열한 싸움 옆에서 서서히 죽어가던
다른 식물들처럼 부모의 갈등에 아이들도 시들어 가고 있
는 건 아닌지, 마음이 숙연해졌다.

나는 어린 시절 아빠와의 추억이 참 많다. 매년 12월 마지막 날이 오면 어김없이 저녁 퇴근 후 돌아온 아빠가 운전하는 차 뒷좌석에 앉아 정동진으로 해돋이를 보러 갔다. 매일 같이 뜨는 해가 뭐가 그리 대단하다고 아빠는 피곤한 몸을 이끌고 밤새 운전을 해서 우리에게 새로운 해가 시작되는 날 새롭게 떠오르는 태양을 보여주셨다. 내가 좋아하는 오페라 가수의 음반이 발매되었던 함박눈이 펑펑 쏟아지는 날, 여러 레코드사를 돌아다니며 막 나온 새 음반을 사다 주셨던 일도 있었다. 아빠는 나를, 우리 가정을 참 많이 사랑했다. 그런 아빠였지만 화를 내고 소리를 치실 땐 너무 무서워 내 몸속에 있는 장기들이 모두 딱딱하게 굳어지는 것 같은 느낌이 들었다. 엄마와 다투는 소리를 심심치 않게 들을 때면 숨죽여 그 소리가 잦아들기만을 밤새워 기도하기도 했다.

어릴 적 나의 아버지는 가족들에게 매우 헌신적이며 책임감이 강했다. 아버지는 우리 삼 남매를 끔찍이 사랑했지만, 그 시절 아버지들처럼 매우 권위적이고 가부장적이었다. 때론 무섭기도 했다. 사실 성인이 된 지금 아버지의 큰

소리를 들을 일은 거의 없지만 가끔 유사 분위기가 생길 때면 아직도 가슴이 두근거리고 땅속으로 꺼져버리고 싶어진다. 나이 마흔이 넘었지만, 어린 시절 부모님의 다툼 소리에 숨죽여 기도하던 그 시절의 어린아이가 되어버리고 만다.

요즘 티브이에서 부부 갈등을 다룬 프로그램들을 종종 본다. 의뢰자의 사연들을 보면 이유는 모두 다르지만 다들 서로 죽자고 싸우는 건 공통된다. 그렇게 서로 죽일 듯이 미워하는 부모 사이에 있는 자녀는 온전할 수 있을까? 실제로 부부의 갈등 속에 자주 노출된 아이들은 전쟁을 겪는 것과 같은 공포와 불안, 두려움을 느낀다고 한다. 아이들에게 정서적으로 많은 영향을 미친다는 사실은 이미 너무 많은 연구 결과가 있으니 두말 할 필요도 없다. 하지만 그것을 앎에도 불구하고, 많은 경우 내 앞에서 나를 화나게 하는 배우자만 볼 뿐 구석에서 홀로 전쟁 같은 상황을 오롯이 견뎌내고 있을 아이의 모습은 보지 못한다.

이런 일을 티브이에서만 볼 수 있는 것은 아니다. 상담 현장에서 아이들을 만나다 보면 아이들의 불안 요소

안에는 부모의 부부싸움이 있는 경우가 매우 흔하다. 아이들 중에는 상담실에 와서 엄마 아빠의 부부싸움을 생생하게 생중계해 주기도 한다. 엄마 아빠의 부부싸움을 목격한 후에 큰소리만 나도 가슴이 두근거린다는 아이부터, 부부싸움 중 아빠가 엄마에게 의자를 던져 엄마가 맞은 적이 있는데, 아빠가 또 다시 엄마에게 의자를 던져서 엄마가 다칠까 봐 걱정이라는 아이까지….

아이들도 부모들만큼 많은 상황에서 불안과 스트레스를 받는다. 문제는 부모의 갈등을 보는 아이가 내면적으로 겪는 고통이다.

'이 모든 일이 나 때문에 생긴 일은 아닐까, 내가 없었다면 부모님의 갈등 상황도 없지 않았을까.'

아이는 자신의 존재 자체를 부정하고 자책하기도 한다. 뿐만 아니라 부모의 갈등 상황에 자주 노출된 아이들은 작은 소리에 놀라기도 하고 지금 느끼고 있는 이 평화가 언제까지 지속될지, 언제 또 전쟁이 찾아올지 매일을 두려움과 불안 속에 지낸다. 건강하고 안정적인 심리 상태를 갖지 못하고 예민하고 까칠한 아이가 되고 만다. 또한 긍정적인 부부나 가족의 상을 그릴 수 없어 미래에 가정을 꾸리는 것에 대해 부정적으로 생각하기도 하고 성인 남자나 성인 여자에 대해 혐오하는 마음이 생기기도 한다. 또 엄마 아빠처럼 불행하게 살 바에는 결혼하지 않는 것이 나을 것이라 생각하고 비혼을 결심하기도 한다.

아이들 앞에서 부부싸움을 하지 않으려고 핸드폰 문자 메시지로 언쟁을 하는데 이건 괜찮냐는 질문을, 어느 부모 교육 강연장에서 받은 적이 있다. 나는 아이들 앞에서 소리 지르며 직접 전쟁을 겪게 하는 것보다는 백 번 좋은 방법이라고 이야기한다. 실제로 나도 아이들 앞에서 남편과 싸우는 모습을 보이지 않게 하려고 장문의 문자를 주고받으며 싸웠던 적이 있었다.

그런데 여기서 우리가 간과한 것이 있다. 보이지 않으면 아이들이 정말 모를까? 장담하건데 아이들은 다 안다. 아이들은 집안의 차가운 공기, 냄새, 냉랭한 분위기를 귀신같이 알아내고 언제 터질지 모르는 전쟁을 위해 마음의 준비를 한다. 참 쉽지 않다. 어떻게 남남이 같이 살아가는데 갈등이 없을 수 있겠는가. 더군다나 우리는 철저하게 나와 다른 성향의 사람에게 끌리는 것을.

세상은 두렵고 무서운 것 투성이다. 미래는 불안하고 어떤 것도 안전한 것은 없다. 그런 세상에서 살아가야 할 우리 아이들에게 적어도 가정은 세상에서 가장 따뜻하고 안전한 곳이 되어주어야 하지 않을까.

4. 네가 하는 모든 것은 너의 최선

나의 남편은 출장이 잦은 직업으로 한 달의 반 정도는 늘 집을 비웠다. 나는 도와주는 사람 한 명 없이 육아의 대부분을 오롯이 나 혼자 감당했다. 두 아이들이 어렸던 어느 주말에 아이들과 놀이터를 나갔는데 평일과 다르게 아빠와 놀러 나온 아이들이 많이 있었다. 그런데 큰아이가 놀다가 말고 아빠가 신나게 그네를 밀어주는 친구를 부러운 듯 물끄러미 바라보고 있었다. 아빠가 없는 것도 아닌데 아이들에게 자꾸 아빠의 빈자리를 느끼게 하는 것 같아 나는 그 후로 주말에는 놀이터에 나가지 않게 되었다. 남편이 일부러 집을 비운 것은 아니지만 나는 남편이 가정에 소홀하다는 생각이 들어 늘 못마땅했고, 남편 역시 우리 가정을 위해 동분서주하고 있다는 것을 내가 알아주지 못한다고 불만을 얘기했다.

나는 어렸을 때부터 노래를 했다. 학부에서의 전공도 음악인지라 좋은 스피커로 좋아하는 음악가의 음반을 듣는 것을 좋아했다. 남편도 음악을 좋아했다. 연애 때는 마니아들만 안다는 나와 같은 스피커를 가지고 있어 우리는 종종 음악을 함께 들었고, 그래서 공통점이 많다고 생각했다. 그러나 결혼 후, 일과 양육을 겸하면서 정신없이 산 내게 음악을 듣는 건 사치가 되었다. 음악을 감상한다는 건 현실에서나 심적으로 여유가 있어야 가능한 일이다. 그때까지 평생을 함께한 음악이었지만, 매일 두 아이를 독박육아 중이던 나에게는 소음에 지나지 않았다. 그런데 남편은 여전히 쉬는 날엔 좋은 스피커로 좋아하는 음악을 크게 틀어놓고 들었다. 소파에 반쯤 누워 온전히 휴식을 취하고 있는 모습을 보고 있노라면 머리끝까지 화가 났다. 당연히 서로를 이해하지 못해 다툼이 잦았고, 그렇게 우리는 끝이 없는 평행선을 달리며 꽤 오랜 시간을 지나왔다. 그러던 어느 날 문득 이런 생각이 들었다.

'너도 정글같이 치열한 세상 속에서 정말 열심히 살다가 안식처로 돌아오는구나. 그래, 네가 하는 모든 것이 너의 최선이다.'

체념인지, 아니면 초월인지 모르겠지만 그날 이후 신기하게도 남편을 향한 나의 마음이 변했다. 매일 밖에서 밤낮없이 일하면서도 집안에서 그가 할 수 있는 최선을 다하고 있다고 생각하니 안쓰럽고 고마운 생각마저 들었다. 그리고 남편을 향해 원망하고 미워하는 마음이 없어지니 내 마음 또한 한결 편안하고 여유로워졌다. 참 신기한 일이었다. 분명 아무것도 바뀐 것은 없고 그저 그 사람을 온전히 있는 그대로 인정해주자는 내 생각만 바뀌었을 뿐인데 남편을 바라보는 나의 눈도, 내 마음도 달라져 있었다. 매일 평행선만 달리던 우리도 간혹 접점이 생기기 시작했다.

　　이 말은 남편에게만 적용되는 이야기가 아니었다. 하루는 나와의 약속을 지키지 않은 큰아이에게 "너 엄마와 약속을 왜 안 지키니? 지키려고 노력은 하고 있니?"라고 물었다. 그러자 아이가 대뜸 이렇게 말했다.

"엄마는 모르겠지만 나는 내 나름대로 최선을 다해 노력하고 있어."

순간 아들에게 미안한 마음이 밀려들었다.

'그렇지, 나의 최선이 아니라 너의 최선이 중요한 것이지…….'

　　나는 늘 나의 기준에서 최선을 생각했다. 상대방과 내가 생각하는 최선의 기준이 다르다는 사실에 대해서는 미처 생각하지 못했다. 남편과 아이가 내 기준으로 봤을 때는 부족해 보일 뿐이었다. 그러나 그들은 각자의 방식으로 늘 최선을 다하고 있었다. 그럼 된 것이 아닌가. 내가 바랐던 것은 최고가 아니라 최선이었으니 말이다.

우리는 살면서 늘 나의 기준에 따라 세상을 바라본다. 그리고 나의 기준에 맞지 않을 때는 부족하거나 최선을 다하지 않았다고 결론내고 만다. 모두의 기준이 다르며 각자의 방식으로 최선을 다하고 있음은 전혀 인정하지 않는다. 거기서 불만이 비집고 들어온다. 상대방이 못마땅하게 느껴지고 종국엔 상대를 미워하는 마음이 생기게 되는 것이다. 그러다보면 함께 살고 있는 배우자와 같은 곳을 바라보며 함께 손을 잡고 가는 것이 아니라 죽었다 깨어나도 만날 수 없는 평행선으로 달리게 된다. 그래서 다름을 인정하고 상대를 바라보아야 한다. 그러면 상대방의 노력이 지금보다는 더 예뻐 보이지 않을까. 지금도 내 옆에서 자신의 방식으로 최선을 다하고 있는 누군가를 있는 그대로 아름답게 바라보는 눈을 갖는다면 어떨까.

5. 당신의 이름은 무엇입니까?

우리는 살면서 많은 이름을 가지고 살아간다. 나라는 이름 이외에 태어났을 때는 누구의 딸로, 커서는 누구의 언니, 누구의 동생이라는 이름도 갖는다. 나는 언니와 같은 중학교를 졸업했다. 언니는 늘 전교 1,2등을 도맡아 했다. 덕분에 나는 늘 세라가 아닌 00이 동생으로 더 많이 불렸다. 그리고 커서는 누구의 와이프로 살더니 이제는 누구의 엄마로 많이 불리며 살아가고 있다. 가끔은 내 이름이 무엇이었는지 누가 내 이름을 부르면 어색할 때가 있다. 누구의 엄마로 불리면 마음이 더 편한 것이 비단 나의 일만은 아닐 것이다. 학창 시절 열심히 공부해서 원하던 대학에 입학했고, 졸업 후 꿈에 그리던 직업도 갖게 되었지만 결혼을 하고 아이를 키우며 나의 이름, 나의 자리를 잊어버리며 살게 되는 것 같다.

나는 몇 해 전까지도 12월이 되면 어딘지 모르게 우울한 마음에 젖었었다. 다른 사람들은 자신의 자리에서 더 확고한 역할을 하며 뿌리가 깊은 나무처럼 자신의 영역을 넓혀가는데, 나는 말도 통하지 않는 아이와 하루 종일 씨름하며 또 이렇게 한 해를 제자리 걸음한 건 아닐까 하는 조바심 때문이었다. 이렇게 아이를 키우고 난 후 아이들이 나의 품을 떠났을 때 과연 나는 무엇을 하며 긴 세월을 보내야 할지 막막했다. 물론 아이를 키우는 것 역시 하고 싶다고 해서 누구나 할 수 있는 일이 아닌 매우 고귀하고 숭고한 일인 것은 분명하다. 하지만 나의 이름이 없어진 채 누구의 엄마로만 살아간다는 것이 나한테는 쉽지 않은 일이었다.

나는 아이의 등·하원 시간과 맞지 않아 다시 일을 할 수 없음에도 불구하고 매일 같이 내가 할 수 있는 일을 찾아 구직 사이트를 뒤적였다. 물론 이미 꽤 오랜 시간 경력이 단절된 상황에서 아이를 키우며 할 수 있는 일은 그리 많지 않았다. 결국 내가 찾은 것은 지금 할 수 있는 일이 없다면 나중에 할 수 있는 일을 하기 위해 무엇인가를 배우며 나의 시간을 투자해 보자는 것이었다. 물론 무엇을 배우는 것도 아이 때문에 쉽지 않았다. 하지만 나는 전공이나 나중 상황은 고려 대상에 넣지 않았다. 오직 현실적으로 지금 내가 할 수 있는 것에 초점을 맞췄다.

강의 현장에서 이제 막 아이를 기관에 보내기 시작한 엄마들을 많이 만나게 된다. 자신의 이름을 찾으라는 나의 말에 엄마들은 묻는다.

"선생님, 제가 무슨 일을 할 수 있을까요?"

"저랑 잘 맞는 일일까요?"

"제가 무엇인가를 배우기 위해 투자하고 나중에 수입을 창출할 수 있는 일을 하지 못하면 어떡하죠?"

사실 나도 같은 생각을 한 적이 있었다. 무엇인가를 배워야겠다고 마음먹었을 때 이건 아이 등원 시간과 맞지 않고, 저건 아이 하원 시간과 맞지 않고, 이건 돈을 지불하고 배웠는데 나중에 수입을 창출할 수 있는 일일지, 나의 전공이랑 전혀 상관없는 일인데 내가 잘 할 수 있을지 등. 나의 생각과 걱정들은 꼬리에 꼬리를 물었고 그렇게 아무것도 하지 못한 채 시간들을 흘려 보내기도 했다.

살아가야 할 날들은 너무나 길다. 아이들이 진로를 찾아 이것저것 시도하며 정말 좋아하는 일을 찾듯, 엄마들이 자신의 인생을 위해 시간과 비용을 투자하는 것이 뭐가 그리 문제가 되겠는가. 그동안 해왔던 전공과 관련이 없고 나중에 수입을 창출할 수 없으면 좀 어떤가. 혹시 누가

요람
1872, 베르트 모리

알겠나, 지금은 아무것도 아니라고 생각했던 그 일이 남은 인생에 빛이 될 수 있을지. 그냥 버려지고 낭비되는, 헛되고 쓸데없는 시간은 없다. 그저 현재의 상황에서 할 수 있는 최선의 일을 찾으면 된다. 그게 무엇이 되었든 말이다. 이제 누구의 엄마 대신 본연의 이름을 다시 찾아보자.

6. 안녕, 내 마음!

나는 기질적으로 예민하고 불안도가 높은 사람이다. 어릴 때는 몸이 약하고 약에 대한 알러지가 있어서 약을 잘못 먹으면 온몸에 따개비를 얹어놓은 것처럼 두드러기가 나거나 호흡곤란이 생겼던 적이 많았다. 병원에도 자주 들락거려 엄마는 나에게 "너는 죽지만 말고 잘 커서 예쁘게 살기만 해."라는 이야기를 자주 했다. 그래서인지 나는 건강에 대한 염려와 죽음에 대한 공포, 불안도가 높다.

첫째 아이를 낳고 병원에서 퇴원하는 날, 나는 아이를 안고 남편이 운전하는 차 뒷좌석에 앉아 하염없이 눈물을 흘렸다. 출산 직후라 호르몬의 변화가 널뛰었던 이유도 있었지만 예쁘고 소중한 아이를 얻은 기쁨과 행복함보다이 작은 아이가 나 하나 믿고 이 세상에 나왔는데, 나는 경험도 없고 한없이 부족한 사람인 것만 같아 걱정과 두려움은 이내 공포로 다가왔다.

둘째를 임신했을 때에는 가습기 살균제 사건과 우리나라를 감염병의 공포에 휩싸이게 했던 중동호흡기증후군MERS이 유행하던 시기였다. 나는 임신 기간 내내 심리적으로 매우 불안한 상태였다. 이 아이를 빨리 출산하지 않으면 내가 죽을 것 같은 느낌이 들기도 했다. 아이를 출산한 후에도 두 아이를 독박 육아하면서 육아 스트레스로 인한 공황장애가 생겼다. 내가 아프거나 없다면 우리 아이들은 누가 봐줄까, 하는 불안에 늘 두렵고 무서웠다. 나의마음은 그리 건강한 상태가 아니었다.

물론 나처럼 기질적으로 예민한 사람만 양육의 어려움을 겪는 것은 아니다. 강의 현장에서 부모들을 만나보면 아이를 양육하는 부모들은 아이의 연령에 따라 그 내용만 다를 뿐, 모두 양육에 대한 어려움을 겪고 있다. 모두 육아에 대한 많은 부담과 스트레스를 가지고 있다. 그런데 양육자가 이런 어려움들과 스트레스로부터 자신을 돌보지 않는다면 어떻게 될까.

아이를 임신했을 때 엄마의 심리적 불안감이나 두려움이 아이에게 전달된다는 것은 익히 아는 사실이다. 그래서 엄마의 심리적 안정을 위해 태교에 힘을 쓰며 좋은 것을 먹고, 좋은 것을 보며 가능한 스트레스를 받지 않으려고 노력한다. 그런데 그런 노력은 임신 때까지다. 아이를 낳은 후에는 어떠한가. 실제로 아이들의 문제 행동으로 상담실을 찾아오는 엄마 중 상당수는 우울증을 가지고 있는 경우가 많다. 아이의 문제 행동을 상담하러 상담실에 왔다가 자신의 감정을 추스르지 못해 한동안 눈물을 쏟고 돌아가는 엄마들이 한두 명이 아니다.

한 명의 아이를 온전히 길러낸다는 것은 쉬운 일이 아니며 책임과 부담에서 오는 스트레스는 이루 말할 수 없다. 남편의 육아 참여도가 높아지고 있는 추세이지만 아직도 배우자나 사회적 지원은 늘 부족하고 아쉽다. 육아만

전담하는 여성들의 경력 단절과 사회적 고립은 국가 시스템만의 문제가 아니다. 말도 잘 통하지 않는 아이와 시간 대부분을 보내며 느끼는 외로움과 무력감을 개인의 문제로만 치부할 시대도 아니다. 상담실에 찾아온 엄마들 중엔 "어른 사람과 대화하고 싶다."라고 말하는경우도 많다.

덴마크 정신건강의학과 연구 결과에 따르면 가족 중 한 명이라도 우울증을 앓고 있는 경우 또 다른 가족이 우울증에 걸릴 위험이 두 배 높다고 한다. 임신 중 아이에게 엄마의 심리적 불안감이 전달되듯 아이를 양육하련서도 그 인과관계는 유지된다. 부모의 불안, 두려움, 우울, 스트레스는 바이러스처럼 아이에게 전염된다. 아이도 부모와 똑같이 불안정한 마음 상태에 이른다. 부모의 심리적 안녕은 임신했을 때나 아이를 양육할 때나 중요하게 관리할 문제인 것이다. 나의 불안을 여과 없이 내보내는 것은 나와 가장 가까이 있는 아이에게 최악의 영향을 미친다.

아픈 감정을 꽁꽁 숨겨두고 밖으로 나오게 하지 못한 채 살아가는 사람도 있다. 특히 24시간 아이와 시간을 보내야 하는 양육자의 경우 자신의 감정을 돌보는 것이 그리 쉬운 일은 아니다. 나 역시 그랬다. 싸고 있는 보자기가 아무리 두꺼워도 썩은 생선에서는 냄새가 나듯, 억압된 감정 역시 언젠가는 스스로를 위협하게 된다. 보자기를 한겹 한겹 풀어, 썩은 생선과 마주하듯 나의 감정과 마주해야 한다. 이렇게 썩었구나. 사실 열어보면 생각했던 것보다 덜 썩었을 수도, 아니면 냄새만 나지 썩은 생선이 아니었을 수도 있다. 그렇게 자신의 감정과 마주하며 대화를 나누다보면 보자기 안에 깨끗하고 아름다운 보석을 발견하게 된다.

세상의 모든 엄마들은 매일 노력한다. 좀 더 나은 엄마가 되기 위해서 말이다. 아침 등굣길에는 "오늘도 즐거운 하루 보내렴." 하고 후 집에 돌아오면 "오늘 하루는 어땠니?"라며 아이에게 관심을 갖고 끊임없이 대화를 시도하다

내가 강의 현장에서 만난 부모들은 하나같이 아이들을 어떻게 하면 잘 키울 수 있을까, 눈을 반짝이며 강의를 듣고 메모를 한다. 그런데 정작 자신에게 관심을 갖고 자신과 매일 대화를 시도하는 사람은 많지 않았다. 나

의 모든 삶은 나의 아이들, 나의 가족들 위주로 돌아가다
보니 그들의 마음은 살펴도 내 마음을 들여다볼 여유가 없
는 것이다. 네 마음이 내 마음이겠거니 하면서 살아간다.
하지만 내 마음이 건강하고 여유가 있어야 내 아이를, 남
편을 이해할 수 있다. 그러니 오늘도 거울 속에 있는 나와
끊임없이 대화해 보자.

오늘 너의 마음은 어떠니?
오늘 하루도 수고했어.
너무 잘하고 있어.
너는 충분히 좋은 엄마야.

안녕, 내 마음!

좋은 부모가 된다는 것

좋은 부모가 된다는 것은 어떤 모습일까. 우리는 좋은 부모가 되기 위해 끊임없이 노력한다. 육아 관련 책뿐만 아니라 훌륭한 강사들의 강연을 찾아다니고, 인터넷 동영상, SNS 등 많은 정보를 취합해 육아에 참고한다. 그야말로 육아에 대한 정보가 넘쳐나다 보니 마음만 먹는다면 좋은 부모가 된다는 것이 그리 어려운 일도 아닐 것 같다. 하지만 아이를 잘 키운다는 것은 정말이지 쉬운 일이 아니다. 부모가 어떻게 아이를 양육하느냐에 따라 까다로운 기질의 아이가 모난 부분을 다듬어 동글동글해지며 성숙한 어른으로 성장할 수도 있고, 기질적 까다로움이 아닌 잘못된 양육으로 삐죽삐죽 모가 나 아무도 옆에 있고 싶어하지 않는 까칠한 어른으로 성장할 수도 있다. 부모라는 이름에는 커다란 책임이 있는 것이다. 어떻게 하면 그 책임을 다하며 내 아이에게 좀 더 좋은 부모가 될 수 있는 것일까.

심리학자인 다이아나 바움린드Diana Baumrind

는 부모의 애정^{지지}과 통제^{요구} 수준이라는 기본 요소에 따라 권위있는 부모, Authoritative parenting 권위주의적 부모, Authoritarian parenting 허용적인 부모, Permissive parenting 무관심한 부모, Neglectful parenting의 네 가지로 양육방식으로 분류했다.

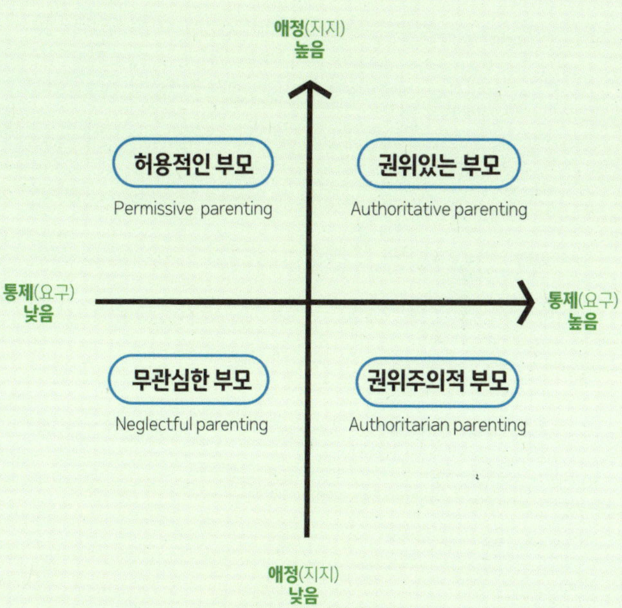

권위있는 부모

　　　　권위있는 부모는 애정과 통제가 모두 높은 수준에 있는 가장 이상적인 양육 태도로 아이에게 충분한 애정으로 대하지만 필요한 경우 단호하게 행동을 통제한다. 부모의 기분에 따라, 상황에 따라서 왔다 갔다 하는 양육방식이 아닌 아이에게 명확한 기준을 세워주며 합리적인 규칙을 제시한다. 또한 아이와 충분한 감정적 대화를 나누며 아이의 의견을 경청하고 존중하며 서로를 이해하려고 노력한다. 이러한 부모에게서 성장한 아동은 매사 자신감이 있고 높은 자아 존중감을 가진다. 부모에게 적절한 통제와 규칙을 배운 아이들은 사회에 순응하며 누구와도 잘 어울리고 타인을 이해하고 존중하는 성숙한 태도를 보인다. 이러한 부모의 양육방식은 우리가 모두 지향하는 모습일 것이다. 아이가 세상을 살아가는데 필요한 분명한 기준으로, 때론 단호한 통제를 통해 아이에게 가르치지만 충분한 애정과 따뜻한 사랑의 눈으로 아이를 바라보는 부모의 모습이다.

권위주의적 부모

　　　　권위주의적 부모는 권위있는 부모와 마찬가지로 높은 수준의 통제로 아이를 양육하지만, 애정의 수준은 낮다는 점이 다르다. 권위주의적 부모는 아이에게 어떠한 설명도 없이 "시키는 대로 해."라며 자신의 규칙이나 지시를 따르도록 하며 아이가 자신의 의견을 이야기해도 "네가 뭘 안다고 그래."라며 아이를 엄격하게 통제하고 아이의 감정이나 의견을 전혀 수용하지 않는다. 권위주의적 부모는 자신의 힘과 권위로 아이를 통제하는 양육방식을 보이기 때문에 즉각적이고 물리적인 방식으로 아이를 훈육하는 방법을 선호한다. 가령 신체적 체벌을 한다든지, 소리를 지르거나 욕설, 상처를 주는 말 등을 하며 아이에게 정서적 학대 행위를 한다. 이러한 부모에게서 성장한 아이들은 자아 존중감이 낮고 타인의 말에 지나치게 복종적이지만 수동적이며 불안하고 자신의 문제를 스스로 해결하기 어려워한다. 또한 상대방의 이야기를 경청하고 존중하지 못하며 힘과 권위에 대한 올바른 인식이 부족해 강자 앞에서는 약자가 되고 약자 앞에서는 강자가 되는 미성숙한 모습을 보이기도 한다.

아이가 어릴 때는 작고 힘이 약해 부모의 엄격한 통제에도 잘 따르기 때문에 부모의 권위주의적인 양육방식이 소위 말해 먹히는 것처럼 보일 수 있다. 하지만 아이들은 성장하고 점점 부모보다 힘도 세진다. 아이의 감정이나 의견을 전혀 수용하지 않고 힘과 권위로만 찍어 누르며 물리적 방식으로 훈육한다면 머지않아 아이는 반격을 해올 것이며 자신을 때리려고 올린 부모의 손목을 잡아채는 순간이 분명 올 것이다.

허용적인 부모

허용적인 부모는 높은 애정이 있지만 통제의 수준은 낮은 방식으로 아이를 양육한다. 아이를 매우 사랑하고 수용하지만, 자녀의 행동을 적절히 통제하지 않는다. 아이를 양육하는데 명확한 기준이 없어 자녀가 원하는 것은 무엇이든지 들어주며 때로는 아이의 행동에 이리저리 끌려다니기도 한다. 부모 스스로 양육의 원칙이 설정되어 있지 않기 때문에 아이에게 적절한 규칙과 규율을 가르치지 못한다. 가령 사람이 많은 카페나 공공시설에서 떠들거나 뛰어다니는 것이 잘못되었음을 가르쳐야 함에도 아이가 원하기 때문에, 혹은 아이와 감정적 대치 상황을 만들고 싶지 않다는 이유로 아이의 행동을 통제하지 않는다.

　　　허용적인 부모는 대체로 자녀와 정서적으로 과도하게 밀착되어있는 경우가 많아 아이가 힘들어하는 것을 부모 스스로 견디기 어려워 제대로 된 훈육을 하지 못하는 경우가 많다. 그렇다 보니 허용적인 부모에게서 성장한 아이들은 충동적이고 자기 통제력이 부족한 경우가 많다. 학교나 기관에서 생활하며 지켜야 할 규칙을 지키기 어려워하거나 상대방의 감정을 이해하고 수용하지 못하고 이기적인 모습을 보이기도 한다.

　　　아이를 잘 키운다는 것은 아이의 모든 행동을 수용해주며 몸과 마음이 다치지 않도록 온실 속 화초처럼 키우는 것이 아니다. 아이가 적절한 통제 속에서 좌절을 경험해보고 올바른 규칙과 규범을 배우며, 이 사회에서 많은 사람과 어우러져 성숙한 인간으로 살아갈 수 있게 돕는 것이다.

무관심한 부모는 의식주와 같은 기본적인 것들을 제공하지만 애정이나 관심이 낮고 통제 수준 역시 낮은 형태의 양육방식을 보인다. 보통은 부모가 너무 바쁘거나 스트레스가 과도해 자녀에게 신경을 쓸 겨를이 없거나 우울증과 같은 정신적인 문제로 인해 아이에게 무관심한 경우를 보이는데 요즘은 부모가 자신의 삶이나 성공을 중요하게 여겨 아이가 자신의 커리어에 걸림돌이 된다고 생각해 무관심한 양육방식을 보이는 경우도 많다. 무관심한 부모에게서 자란 아이들은 부모와의 정서적 교류, 통제, 지지체계가 없다 보니 대체로 외롭고, 슬프다. 또 힘들고 어려운 일이 생겨도 온전히 마음을 열어놓고 이야기할 수 있는 대상이 없다 보니 자존감이 낮고 정서적으로 매우 빈곤한 상태이다. 이들은 학업 성취도가 낮고 학교나 기관에서 친구들과 관계를 맺기 어려워 한다. 사회에, 어른에게 반항적이고 공격적인 태도를 보이기도 한다. 또 우울이 발달할 위험이 높으며 범죄에 쉽게 빠져들기도 한다. 흔히 힘과 권위를 내세우는 권위주의적 부모의 양육방식이 위험하다고 생각하지만, 전문가들은 애정과 통제 수준이 낮은

무관심한 부모의 양육방식이 아이들에게 더 위험하다고
말한다.

　　요즘은 맞벌이 부모가 많다 보니 시간 대부분을
혼자 보내는 아이들이 많다. 부모들은 너무 바쁘고 체력적
으로 힘에 부치다 보니 아이들에게 신경 쓸 겨를이 없다.
아이들은 물질적으로 풍족하고 부족함 없이 성장하고 있
지만 마음은 늘 외롭다. 나는 까다로운 기질의 둘째 아이
덕분에 출산과 동시에 온 신경을 둘째 아이에게 쏟을 수밖
에 없었다. 어느 날 문득 첫째 아이의 어린 시절을 생각해
보는데 딱 다섯 살부터 초등학교 전까지 기억이 나지 않는
것이었다. 아이가 했던 말, 행동, 모습, 함께 했던 기억. 예
전 사진첩을 뒤져 아이에 대한 기억을 찾아보려고 했지만,
그마저도 쉽지 않았다. 내가 육아로 너무 힘든 시절이어서
그랬던지 큰아이의 사진이 많지 않았기 때문이다. 기억을
더듬어 아이의 모습을 기억해보려고 했지만 정말 예뻤던
그 시절의 기억이 떠오르지 않아 마음이 너무 아팠다. 아
마 그 시절 나는 무관심한 부모였던 것 같다.

아이들은 내가 좋아하는 비싼 장난감을 가지고 혼자 노는 것보다, 온 가족이 아무 말 없이 스마트폰만 들여다보며 식사하기보다 부모와 함께 앉아 오늘 하루를 나누며 눈을 맞추고 함께 음식을 먹으며 이야기 나누는 것을 원한다. 24시간 하루를 온전히 아이와 함께하라는 말은 절대 아니다. 하루 단 10분이라도 스마트 폰을 내려놓고 아이와 눈을 맞추며 온전한 시간을 갖는 것, 따뜻한 접촉을 통해 아이로 하여금 부모가 나를 정말 사랑하고 있다는 사실을 느끼게 하는 것, 그것만으로도 아이는 이 세상 속에서 건강하게 자라날 수 있다.

품 안에 있는 아이가 언제까지 품 안에 있는 것은 아니다. 아이가 어느새 훌쩍 커 부모의 품을 떠나 자신의 새 둥지를 꾸리기 위해 떠나는 날이 생각보다 더 빨리 다가온다. 그때 더 안아줄 걸, 더 사랑한다고 말할 걸 후회하지 말고 지금 더 많이 안아주고 더 많이 말해주자.

'너를 하늘만큼 땅만큼 우주만큼 사랑해.'